U0262040

本书获得国家自然科学基金资助
（编号：70973076）

转基因食品标识与信息的政策效应研究

——基于中国消费者的实验经济学实证分析

马琳　著

中国社会科学出版社

图书在版编目(CIP)数据

转基因食品标识与信息的政策效应研究 / 马琳著. —北京:中国社会
科学出版社,2014.6
ISBN 978 - 7 - 5161 - 4417 - 6

Ⅰ.①转…　Ⅱ.①马…　Ⅲ.①转基因食品—标识—政策效应—研究
②转基因食品—信息政策—政策效应—研究　Ⅳ.①TS201.6

中国版本图书馆 CIP 数据核字(2014)第 134088 号

出 版 人	赵剑英	
责任编辑	冯春凤	
责任校对	胡新芳	
责任印制	王炳图	

出　　版	中国社会科学出版社	
社　　址	北京鼓楼西大街甲 158 号 (邮编 100720)	
网　　址	http://www.csspw.cn	
	中文域名:中国社科网　010 - 64070619	
发 行 部	010 - 84083685	
门 市 部	010 - 84029450	
经　　销	新华书店及其他书店	

印　　刷	北京君升印刷有限公司	
装　　订	廊坊市广阳区广增装订厂	
版　　次	2014 年 6 月第 1 版	
印　　次	2014 年 6 月第 1 次印刷	

开　　本	710×1000　1/16	
印　　张	13.75	
插　　页	2	
字　　数	200 千字	
定　　价	39.00 元	

凡购买中国社会科学出版社图书,如有质量问题请与本社联系调换
电话:010 - 64009791

版权所有　侵权必究

序　言

　　转基因食品对当代人类缓解饥饿、贫穷和资源压力，改善健康、福利和生活方式，提高生产效率和创造更多财富，具有无法估量的发展潜力和应用价值。鉴于我国人多地少的国情，发展转基因食品对我国具有全局性、战略性意义。目前，转基因技术培育成功的动物、植物、微生物品种越来越多，用这些品种制成的食品也在不断增加，其种类包括：植物性转基因食品、动物性转基因食品、转基因微生物食品（如生产奶酪的凝乳酶等）、转基因特殊食品（又称"疫苗食品"，如能预防霍乱的苜蓿植物）等。

　　人类对转基因生物技术的研发始于 20 世纪 70 年代，20 世纪 80 年代，科学家们开始把 10 多年分子研究的成果运用到转基因食品上，并于 90 年代广泛应用到农产品生产中。美国是最早进行转基因食品研究的国家，1983 年转基因烟草和转基因马铃薯首先在美国诞生；1986 年始，转基因抗虫和抗除草剂植物开始在田间实验；1994 年，可延长成熟期的番茄在美国田间大规模生产并获准进入市场销售；其时，抗病毒转基因烟草也开始在中国生产。1996 年全球转基因作物种植面积约 170 万公顷；1998 年，转基因作物已经在 8 个国家种植，全球种植面积从 1996 年的 170 万公顷猛增到 2800 万公顷，增长 16 倍之多，1999 年增至 3990 万公顷，其市场价格高达 30 亿美元，涉及 40 个转基因品种，其中，大部分是抗虫害、抗病毒、抗杂草的转基因玉米、黄豆、油菜、马铃薯、西葫芦等食品。2003 年全球转基因作物的种植面积大约是 6770 万公顷，比 1996 年的 170 万公顷增加了大约 40 倍。2005 年转基因作物销售额约达 80 亿美元。国际农业生物技术应用国际服务组织（International Service Agri – biotech Applications Agencies，简称 ISAAA）于 2014 年 2 月 13 日发布报告称，全球 27 个国家超过 1800 万农民于 2013 年种植转基因作物，种植面积比 2012 年增加 3%，也就是说增加了 500 万公顷。此外，首个具有耐旱性状的转基因玉米杂交品种亦于 2013 年在美国开始商业化。全球转基因作物的种植面积于转基因作物商业化的 18 年中增加了 100 倍以上，从 1996 年的 170 万公顷增加到 2013 年的 1.75 亿公顷。

目前，转基因食品的主要产地是美国、加拿大、欧盟、南非、阿根廷、巴西、澳大利亚和中国等。其中美国仍是全球转基因作物的领先生产者，种植面积达到 7010 万公顷，占全球种植面积的 40%。

然而，转基因食品作为一项科学新产物，也存在很多不确定性，决定了转基因食品在给人类带来不少恩惠的同时，也带来潜在危害与风险，这就要求我们在看到转基因食品给人类带来福祉的同时，更应科学分析和防范其给人类带来负面问题和潜在风险的可能性。因此，制定合理的转基因食品标识、信息政策，规范转基因食品产业的发展，有利于保护消费者利益，增加转基因食品的消费，转基因食品的市场需求刺激转基因食品的生产，从而进一步促进转基因食品产业的发展。

本书在相关理论研究的基础上，揭示出信息不对称下转基因食品标识和信息政策对于保护消费者利益十分重要。然后，建立消费者消费行为模型，分析转基因食品标识和信息政策对于消费者福利的影响，并得出结论：强制标识和公开信息政策能够提高我国消费者的福利水平。再通过经济学实验获取消费者消费数据，实证分析转基因食品标识政策和信息政策对消费者福利的影响。最后根据实证分析的结果，提出相应政策建议。

首先，通过分析转基因食品生产者和监管部门两个利益主体对转基因食品的态度以及影响因素，从两者博弈的角度分析，认为无论是在静态博弈模型下，还是在动态博弈模型下，转基因食品生产者重视转基因食品的宣传，自觉加贴食品中转基因成分标签的概率随着转基因食品监管部门监管力度的增大而增大。因此，为了保护消费者的利益，转基因食品相关监管部门要加大对转基因食品生产者的监管力度，转基因食品的标识和信息政策必不可少。

其次，从传统经济学的偏好和福利理论出发，通过建立中国转基因食品消费者的消费效用函数模型，分析中国消费者在转基因食品不同的标识和信息政策下福利变化。得出结论：当市场上同时存在转基因食品和非转基因食品时，在一个市场经济和法制尚不完善，厂商机会主义行为比较普遍的环境下，采取强制标识政策将能够保障消费者的利益。所以，为了保护消费者的利益，应该采用强制标识政策作为我国的转基因食品标签管制方式。消费者在充分了解转基因食品的信息后对于转基因食品的保留价格才是真实的，消费者在有信息情况下的福利水平要高于无信息情况下的福利水平。因此，为了保护消费者的利益，公开转基因食品信息应该是我国的转基因食品信息管制方式的政策取向。

再次，引入实验经济学方法，以苹果为例，通过转基因苹果和非转基因苹果的拍卖实验，获得消费者的消费数据。通过调研获得消费者对于转基因食品的认知程度、态度、安全认同度等。运用调研和实验数据，实证分析信息不对称条件下消费者在不同的转基因食品标识、信息政策影响下对转基因食品的态度以及影响态度的因素。分析结果显示：被调查者的年龄、性别、教育程度、工作性质、购买地点、家庭人均月收入和居住地区7个解释变量对回归结果并不显著。而家庭规模对转基因食品安全认知度与消费者对转基因苹果的偏好存在显著的正相关关系，消费者对转基因食品的认知、标识政策和信息政策与消费者对转基因苹果的偏好存在显著的负相关关系。因此，转基因食品标识、信息政策对消费者转基因食品偏好的影响显著，有信息时，消费者更加偏好非转基因食品，无信息时，消费者更加偏好转基因食品；强制标识政策下，消费者更加偏好非转基因食品，自愿标识政策下，消费者更加偏好转基因食品。即强制标识政策和公开转基因食品信息使得消费者偏好转基因食品程度降低，而消费者在明确区分转基因食品和了解转基因食品信息的情况下，对转基因食品的偏好是真实的，获得的福利提高了。

最后，运用实验数据实证分析不同转基因食品标识、信息政策下消费者的消费行为数据，揭示出消费者在不同转基因食品标识、信息政策下的福利变化。分析认为：有信息时使得消费者对转基因苹果的出价降低，而这个出价是消费者充分了解转基因食品信息后获得对于转基因食品真实的保留价格，所以消费者在有信息时的福利比无信息时高。强制标识政策使得消费者对非转基因苹果的出价提高，由于消费者的出价是消费者的保留价格，因此，消费者在强制标识政策下的福利大于自愿标识政策下的福利。为了保护消费者的利益，应该对转基因食品实行强制标识政策和公开信息政策。

本书的主要创新体现在三个方面：（1）引入实验经济学方法，通过实验获得实验数据，分析在信息不对称条件下和不同监管政策下消费者对转基因食品消费行为和影响因素，在揭示消费者对转基因食品真实偏好的基础上，提出适合我国实际的转基因食品标识、信息政策。（2）引入博弈论的分析方法，分析转基因食品生产者和监管部门两个利益主体对转基因食品的态度以及影响态度的因素，总结各相关利益主体对转基因食品的行为特征，从政府和转基因食品生产者博弈的角度揭示转基因食品监管的必要性。（3）构建消费者对于转基因食品的消费行为模型，分析消费者在不同监管政策下的消费行为，实证分析消费者消费行为的影响因素。

希望本书能为我国制定合适、有效的转基因食品标识、信息政策提供一点参考。

目　录

第一章 导　论

一　研究背景和意义

转基因食品对当代人类缓解饥饿、贫穷和资源压力，改善健康、福利和生活方式，提高生产效率和创造更多财富，具有无法估量的发展潜力和应用价值。所谓转基因食品（Gene Modified Fo－od，简称 GM Food）就是利用分子生物学手段将人工分离和修饰过的基因导入受体生物基因组中，使其生物性状或机能发生部分改变，如在产量、形状、营养品质、消费品质以及抗虫害、抗病毒、抗杂草等方面向人们所需要的目标转变。这种转基因生物，又称"基因修饰生物体"（Genetically Modified Organism，简称 GMO），直接食用，或者作为加工原料生产食品，统称为"转基因食品"。[1]

目前，转基因技术培育成功的动物、植物、微生物品种越来越多，用这些品种制成的食品也在不断增加，其种类包括：转基因植物性食品、转基因动物性食品、转基因微生物食品（如生产奶酪的凝乳酶等）、转基因特殊食品（又称"疫苗食品"，如能预防霍乱的苜蓿植物）等。[2]

---

[1]　Codex A. , "Joint FAO/WHO Food Standard Programme", *Limentarius Commission Chiba*, Vol. 17, No. 3, 2000.

[2]　霍飞、江国虹等：《转基因食品的发展现状及安全性评价》，《中国公共卫生》2003 年第 9 期。

（1）转基因植物食品。如转基因的大豆、玉米、番茄、水稻等，是转基因食品中种类较多的一类，主要是为了提高食品的营养及抗虫、抗病毒、抗除草剂和抗逆境生存以降低农作物的生产成本和改良品种，以及提高产量。

（2）转基因动物食品。如转基因鱼、肉类等，由于技术方面的原因，转基因动物的产业化进程远远落后于转基因植物。转基因动物经处理后可以生产更多具有优良品质的奶和肉，比如不含乳糖的奶、低脂奶、低胆固醇肉、低脂肉或具有某些功能特性的特种蛋白质的肉类。

（3）转基因微生物食品。目前直接用作食品的转基因微生物在市场上还未出现，但是利用转基因微生物发酵生产的产品却并不鲜见，如利用转基因微生物发酵而制得的高品质葡萄酒、啤酒、酱油和面包等。

（4）转基因特殊食品。科学家培育出了一种能预防霍乱的苜蓿植物。用这种苜蓿来喂小白鼠，能使小白鼠的抗病能力大大增强。而且这种霍乱抗体，能经受胃酸的腐蚀而不被破坏，并能激发人体对霍乱的免疫能力。人们在品尝鲜果美味的同时，就能达到防病的目的。

人类对转基因生物技术的研发始于20世纪七八十年代，科学家们把10多年分子研究的成果运用到转基因食品上，并于90年代将之广泛应用到农产品生产中。美国是最早进行转基因食品研究的国家，1983年转基因烟草和转基因马铃薯首先在美国诞生；1986年始，转基因抗虫和抗除草剂植物开始在田间实验；1994年，可延长成熟期的番茄在美国田间大规模生产并获准进入市场销售；1996年，抗病毒转基因烟草开始在中国生产。

（一）转基因食品发展现状

从1983年转基因烟草问世以来，转基因技术得到了迅速推广和发展，尤其是在食品领域可能带来革命性变化。然而，迄今为止的科学进展，并不能否定转基因食品长期中风险的存在，[1] 因此，转基因食品在长期可能存在潜在的健康和环境风险也越来越受到世界各国消费者的关注。[2]

1. 转基因作物种植面积

农业生物技术应用国际服务组织（International Service Agri - biotech Applications Agencies，简称 ISAAA）在北京发布的 2010 年全球生物技术/转基因作物年度报告中指出，自 1996 年转基因作物开始大面积商业化种植，到 2010 年，全球 29 个国家的 1540 万农民种植了共 1.48 亿公顷的转基因作物。自 1996 年至 2010 年，全球转基因作物的种植面积增加了 87 倍。[3] 而世界范围内转基因作物的交易额也从 1996 年的 2.36 亿美元，增长到 2000 年的近 30 亿美元，到 2005 年更达 80 亿美元，ISAAA 还预测，世界范围内转基因作物的交易额在 2010 年将超过 200 亿美元。[4] 图 1—1 显示了 1996—2010 年 15 年间全球转基因作物种植面积的增长趋势。

2. 转基因作物种植种类

1996 年，转基因作物开始大面积商业化种植，种类有大豆、玉米、棉花、油菜、南瓜、木瓜、苜蓿、甜菜、番茄、杨树、矮牵牛、甜椒、康乃馨等。其中大豆、玉米、棉花、油菜为种植面积最大的四种农作物。图 1—2 为这四大转基因作物种植的比例。

[1] James, Clive, "Preview: Global status of commercialized biotech/GM crops: 2004, international service for the a requisition of agri - beotech application", *ISAAA Briefs*, Vol. 11, No. 32, 2004.

[2] Johan F. M. Swinnen, Thijs Vandemoortele, "Are food safety standards different from other food standards? A political economy perspective", *Europe Rev Agriculture Economics*, Vol. 36, No. 5, 2009.

[3] 农业生物技术应用国际服务组织（ISAAA）2010 年度报告。

[4] Clive James, *ISAAA Breifs: Global Review of Commercialized Transgenic Crops*.

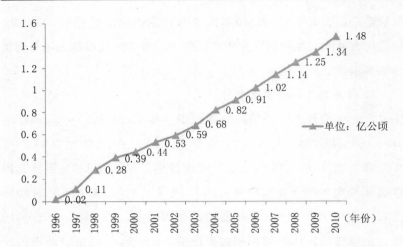

资料来源：根据农业生物技术应用国际服务组织（ISAAA）1996—2010 年度报告整理绘制。

图 1—1   1996—2010 年全球种植转基因作物面积

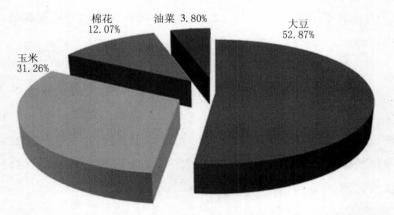

资料来源：Clive James, *ISAAA Breifs*：*Global Review of Commercialized Transgenic Crops.*

图 1—2   世界主要转基因作物

2009 年，全球转基因大豆种植面积为 6920 万公顷，占全球转基因作物种植总面积的 52.87%，在各类转基因作物中名列第一；转基因玉米种植面积为 4170 万公顷，占全球转基因作物种植总面积的 31.26%；转基因棉花种植面积为 1610 万公顷，占全球转基因作物种植总面积的 12.07%；转基因油菜种植面积为 640 万公顷，占全球转基因作物种植总面积的 3.80%。由图 1—2 可知：主要转基因作物中转基因食品占 87.93%，占转基因作物的绝大部分。

3. 转基因作物种植国家

全球种植转基因作物的国家，从 1996 年的 6 个到 2009 年的 25 个，其中包括 15 个发展中国家和 10 个工业化国家。表 1—1 为 2009 年全球转基因作物种植面积前 15 名的国家及所种植转基因作物的种类。

表 1—1　　　　2009 年全球转基因作物种植面积及种类

排名	国别	面积（百万公顷）	转基因作物种类
1	美国	64.0	大豆、玉米、棉花、油菜、南瓜、木瓜、苜蓿、甜菜
2	巴西	21.4	大豆、玉米、棉花
3	阿根廷	21.3	大豆、玉米、棉花
4	印度	8.4	棉花
5	加拿大	8.2	油菜、玉米、大豆、甜菜
6	中国	3.7	棉花、番茄、杨树、矮牵牛、木瓜、甜椒
7	巴拉圭	2.2	大豆
8	南非	2.1	大豆、玉米、棉花
9	乌拉圭	0.8	大豆、玉米
10	玻利维亚	0.8	大豆
11	菲律宾	0.5	玉米
12	澳大利亚	0.2	玉米、油菜、康乃馨
13	布基纳法索	0.1	玉米
14	西班牙	0.1	玉米
15	墨西哥	0.1	棉花、大豆

资料来源：Clive James, *ISAAA Breifs: Global Review of Commercialized Transgenic Crops.*

由表 1—1 可知，按照转基因作物种植面积排序，前 15 个国家是：美国、巴西、阿根廷、印度、加拿大、中国、巴拉圭、南非、乌拉圭、玻利维亚、菲律宾、澳大利亚、布基纳法索、西班牙、墨西哥。2009 年，美国转基因作物种植面积继续排名世界第一，达到 6400 万公顷，占全球总量的一半。

综合以上数据，转基因食品正在世界范围内迅速发展。究其原因，首先，转基因食品可以解决人类面临的食物短缺问题，利用转基因技术得到的农作物产量显著高于普通作物，从而可以使世界饥饿和贫困等问题得到缓解；其次，发展转基因食品可以增加生物多样性。采用生物技术，通过在不同品种间的基因重组形成新物种，使之具有更加满足人们需求的特性；最后，转基因食品能够提高人们的生活质量，采用生物技术转移控制成熟期有关的基因可以使转基因生物成熟期延迟或提前，使消费者一年四季可以食用新鲜的水果和蔬菜。因此，转基因食品发展迅速。

（二）转基因食品的主要问题

转基因食品承负着人们渴望缓解饥饿与贫穷的沉重期待，凝聚着人们改善生活质量，提高生活水平的美好憧憬，这是其赖以存在与发展的意义所在。然而，毋庸讳言，转基因食品目前所具有的风险不确定性和信息不对称性特征，决定了转基因食品作为一项科学新产物在给人类带来不少恩惠的同时，也带来潜在危害与风险，主要表现在：一是对人和动物的风险，包括食品毒性、食品过敏性、病原体药物抗性等；二是对生态环境与农业的风险，包括转基因及其产物在环境中的残留、目标生物体对药物产生耐受性、增加农用化学品的使用、不可预知的转基因及其表达的不稳定性、生物多样性下降等；三是对非目标生物的风险，包括花粉或种子的扩散造成的遗传污染、转基因向微生物传递、通过重组产生新的病毒等。事实上，转基因食品自问世以来的几次事件，如"Pusztai"事件（转基因马铃薯对实验老鼠产生的不良影响）、"斑蝶"事件（食用撒有转 Bt 基因玉米花粉的乳草，斑蝶幼虫 44% 死亡）、"终结者"

事件（种子不育技术，有可能造成不可弥补的损失和生物安全风险）、"标签"风波（美国转基因标签的政策）、"偷窃"事件（绿色和平组织反对转基因食品种植，采取拔掉、毁坏在欧盟的转基因作物实验田而以偷窃罪遭到起诉）[①]、"雀巢"事件（雀巢公司对欧洲和中国采取的双重标准）以及巴西豆、美国 Star link 玉米过敏事件，加拿大"超级杂草"事件，美国药用转基因玉米污染大豆事件、墨西哥玉米基因污染事件和中国 Bt 抗虫棉破坏环境事件等。[②] 这就要求我们，在看到转基因食品给人类带来福祉的同时，更加科学地去监管转基因食品，使转基因食品更加健康地发展。

转基因食品问题越来越引起人们的关注，转基因食品在科学上的不确定性和信息上体现的不对称性，使得各利益主体强烈要求各国政府能承担起转基因食品监管的责任。各相关利益主体有哪些监管的要求？政府如何制定对转基因食品的监管政策？这是我们必须回答的问题。

1. 风险不确定性

转基因食品具有风险不确定性和信息不对称性两个重要特征。风险不确定性主要体现在转基因食品的中长期安全风险上，到目前为止的科学进展，并不能否定转基因食品长期中风险的存在。[③] 然而，陈茂发现，许多认为转基因技术比传统育种增大安全性风险的科学实验都存在疑点，可信度受到质疑。[④] 因此，学术界对于转基因食品的安全风险性并没有一个统一观点。由于转基因食品的风险不确定性研究涉及具体生物学实验，因此本书主要从转基因食品的信息不对称方面入手进行相关研究。

---

① 樊龙江、周雪平：《转基因作物在美国》，《世界农业》2001 年第 8 期。

② 王迁：《美国转基因食品管制制度研究》，《东南亚研究》2006 年第 2 期。

③ Jane K. Selgrade, Christal C. Bowman, Gregory S. Ladics, "Safety Assessment of Biotechnology Products for Potential Risk of Food Allergy: Implications of New Research", *Toxicol Science*, Vol. 110, No. 31, 2009.

④ 陈茂等：《抗虫转基因水稻对非靶标害虫褐飞虱取食与产卵行为影响的评价》，《中国农业科学》2004 年第 2 期。

2. 信息不对称性

转基因食品的信息不对称性是转基因食品的生产者对于转基因食品的消费者而言的，主要体现在以下几个方面。

第一，消费者无法从外观上区分出转基因产品和非转基因产品。由于目前应用的转基因技术大部分是在作物的染色体中插入某一种或几种带有特殊性状的片段，从而使得原作物拥有抗虫、抗旱等特殊性状，但是转基因作物的外观却和非转基因作物没有差别。所以，一般的消费者很难辨别出转基因食品和非转基因食品。而且，当转基因作物被加工成转基因食品后，消费者就更加难以辨别出食品中是否含有转基因成分。

第二，消费者无法从转基因食品的味道中辨别转基因食品的转基因成分。现有的转基因技术大多还是停留在缩短作物的成熟期，提高作物的抗药性上，而没有改变决定作物味道的基因。因此，大多数的转基因作物的味道还和原作物一样，消费者无法从味觉上判断转基因和非转基因作物的差异，更不能辨别出使用转基因作物加工的转基因食品。

第三，由于转基因食品具有风险不确定性的特征，即使消费者知道食品中含有转基因成分也不知道转基因成分会对他本身产生多大的影响。

由于转基因食品对缓解全球粮食危机和人口压力起了重大的作用，因此包括中国在内的世界上很多国家对于转基因技术的应用采取积极和谨慎的态度。一方面，积极推进转基因技术的研发和应用；另一方面，对转基因产品的生产和销售进行严格和科学的管理。然而，对于消费者而言，由于每个消费者对转基因食品的认知程度不同，对转基因食品的态度不同，因此每个消费者的消费偏好不同。第一，如果市场上的转基因食品都有明显的标识，那么就可以把消费者关心的产品特征揭示出来，消费者可以购买他真正愿意购买的食品，而在没有标签时，消费者购买的产品有可能是他并不想购买的。第二，如果转基因食品监管部门能够通过电视、广播、报纸等新闻媒体向消费者宣传转基因食品的基本常识，让大多数消费者知道转基因食品的利与弊，那么，消费者就可以在了解转基因食品的基础上决定是否购买转基因食品或者决定对于转基因食品的支付意愿。现有的研究表明，中国消费者对转基因食品的了解程度很低，①② 这种情况下，消费者对转基因食品的认识可能是片面的、不客观的，消费者购买的转基因食品有可能是他并不喜欢的，而没有购买转基因食品可能是由于对转基因食品的不了解。所以，标识和宣传是向消费者揭示转基因产品内在质量和解决转基因食品信息不对称的重要政策，同时，这两种政策也增加了消费者的福利。

我国是重要的转基因食品生产和进口国，国家一直重视对转基因食品的监管，先后制定了一些法规和制度。2001 年 5 月国务院通过《农业转基因生物安全管理条例》；2002 年 1 月农业部颁布了《农业转基因生物安全评价管理办法》、《农业转基因生物进口安全管理办法》、《农业转基因生物标识管理办法》三个配套规章；2002 年 4 月卫生部发布了《转基因食品卫生管理办法》；2006 年农业部又出台了《农业转基因生物加工审批办法》；2009 年 2 月通过，并于 2009 年 6 月起正式施行的《中华人民共和国食品安全法》同样将转基因食品同其他食品一道列入该法适用范围。③

转基因技术的发展有其不可替代的优势，世界粮食短缺问题成为当前迫切需要解决的问题，而转基因食品又是解决食物短缺的有效手段之一。所以，转基因作物播种面积和范围有明显的扩大，转基因食品在国际贸易中所占份额不断增加，转基因食品发展迅猛。但是转基因食品也存在自身的问题，由于转基因食品在人类历史上时间不长，而食品的安全性和可靠性都需要大量的实践和较长的时

---

① 黄季焜、仇焕广等：《中国城市消费者对转基因食品的认知程度、接受程度和购买意愿》，《中国软科学》2006 年第 2 期。

② 仇焕广、黄季焜等：《政府信任对消费者行为的影响研究》，《经济研究》2007 年第 6 期。

③ 中华人民共和国农业部网站（http：//www.moa.gov.cn/）。

间来证明。因此，迄今为止还没有证据确认用转基因技术生产的食
物是有害的，但同样不能从中得出应用转基因食品是无害的结论。[①]
目前世界各国都在努力制定合理的转基因食品标识、信息政策，来
确保环境安全和消费者利益，规范转基因食品产业的发展。

二　研究方案

（一）研究目标

通过理论分析和实证研究探索有利于保护我国消费者利益的转
基因食品标识与信息政策。提供基于消费者维度评价转基因食品标
识、信息政策的方法。

（二）研究内容

本书从转基因食品具有信息不对称的特征出发，根据实验经济
学的理论、方法以及福利经济学等相关理论，采用实验分析与实证
分析、模型构建与理论归纳、定性分析与定量分析相结合的研究方
法。

第一，在对已有的国内外研究成果和实践经验系统分析的基础
上，基于实验经济学理论与方法，构建转基因食品标识、信息政策
效应研究的理论分析框架。

第二，分析转基因食品生产者和监管部门两个利益主体对转基
因食品的态度以及影响态度的因素，总结各相关利益主体对转基因
食品的行为特征，从转基因食品生产者和监管部门博弈的角度揭示
转基因食品监管的必要性以及消费者对监管政策的要求。

第三，从传统经济学的偏好和福利理论出发，尝试建立中国转

---

① Jane K. Selgrade, Christal C. Bowman, Gregory S. Ladics, "Safety Assessment of Bio-technology Products for Potential Risk of Food Allergy: Implications of New Research", *Toxicol Science*, Vol. 110, No. 31, 2009.

基因食品消费者的消费者效用函数模型，探索不同转基因食品标识、信息政策下消费者的福利变化。

第四，引入实验经济学方法，通过调研和以苹果为例的拍卖实验数据，实证分析信息不对称条件下消费者在不同的转基因食品标识、信息政策影响下对转基因食品的态度以及影响态度的因素。

第五，运用实验数据实证分析不同转基因食品标识、信息政策下消费者的消费行为数据，揭示出消费者在不同转基因食品标识、信息政策下的福利变化，为制定合适、有效的转基因食品标识、信息政策提供现实依据。

第六，根据以上研究结果，提出相应的对策建议。

本书的总体研究框架和基本研究内容如图1—3所示。

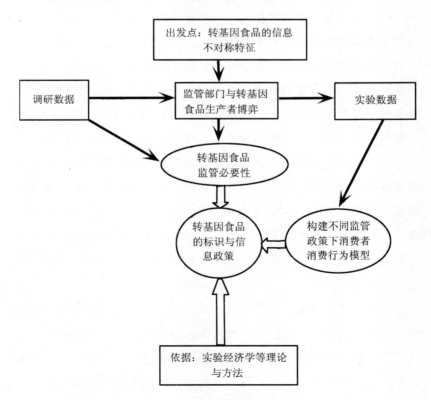

图1—3 总体框架和基本研究内容

三　研究方法

本书以科学发展观和系统论为指导，从转基因食品具有信息不对称的特征出发，根据实验经济学的理论、方法以及福利经济学、科技管理学、政策科学以及公共选择等相关理论，采用实验分析与实证分析、全面调查与典型调查、模型构建与理论归纳、定性分析与定量分析相结合的研究方法，对转基因食品标识、信息政策进行综合、系统的研究。

（一）实验经济学方法

本书在获取消费者数据时使用实验经济学方法。一方面，由于传统调查询问法的优势在于研究者可以创造出一个假想市场，可以非常灵活地构建理想市场并通过假设来了解消费者的各种需求。但是这种方法有个明显的缺点，无论问卷设计得多么完善，都不能和真实的市场环境相比较。消费者在问卷的假设下对消费品进行估值往往忽略自身的预算约束和替代品，这样的估值就会与真实值之间存在一定的偏差。另一方面，由于以往数据分析法使用真实的市场消费数据，因此以往数据分析法有效解决了调查询问法假想市场的缺陷。但是，由于以往数据分析法研究的是过去固定环境下的数据，而且是加总的宏观数据。因此，这种方法不能研究消费者个人特征、认知水平、风险偏好、信息、标识等影响消费者对转基因食品支付意愿的因素。

实验方法是在实验环境的控制下，通过设计一定的拍卖机制，模拟出真实的市场环境，让消费者在这种环境下做出消费决策，并且消费者陈述自己的偏好将面临真实的经济后果。所以，消费者会考虑自己的预算约束，会尽可能按照自己的真实偏好进行估值，从而减少最终结果与真实市场的偏离程度。因此，这种环境下得到的实验数据接近真实市场的数据。

总的来说，实验方法作为研究消费者维度的转基因食品问题具有其独特的优势。一方面，能够模拟真实交易市场，获得相对客观的数据；另一方面，实验方法比较灵活，能够模拟不同的消费环境，研究消费者在不同信息、标识制度下的支付意愿。因此，本书运用经济学实验获得消费者的支付意愿数据。

（二）博弈分析方法

由于在转基因食品标识、信息政策的制定中涉及转基因食品监管部门、转基因食品生产者、消费者等利益主体。而各理性的利益主体都追求自身的效用最大化，如转基因食品生产者追求利润最大化，由于一般消费者很难辨别出转基因食品，转基因食品的生产成本较低，因此了解转基因食品信息的生产者和经销商可能使用转基因食品冒充非转基因食品而获取超额利润。转基因食品监管部门追求社会收益最大化，需要对转基因食品生产者进行监管，但是监管部门的监管是有成本的。而消费者则处于明显的劣势地位，其利益很大程度上取决于转基因食品监管部门对转基因食品生产者的监管。因此，转基因食品监管部门和转基因食品生产者之间存在博弈关系，他们的策略选择决定了市场的均衡。

通过博弈论的方法对转基因食品监管部门、生产者和消费者的行为进行分析能够更加清楚地了解转基因食品产业链中监管部门、生产者和消费者三个利益主体的关系以及转基因食品标识、信息政策对三个利益主体的影响。

本书尝试运用博弈论的知识分析转基因食品生产者和转基因食品监管部门在信息不对称下的相互制约、相互影响的博弈关系，并对信息不对称下的静态博弈和动态博弈问题分别进行研究。

（三）理论与实证相结合分析方法

本书注重采用理论与实证相结合的方法。在经典经济学理论的基础上建立符合中国消费者特点的转基因食品消费行为模型，从理论上分析转基因食品标识、信息政策对消费者福利的影响。然后通过实验获得数据支撑提出的观点，验证本书提出的观点。

四 创新点及研究不足

（一）创新点

（1）引入实验经济学方法，通过实验获得实验数据，分析消费者在不同转基因食品标识、信息政策下对转基因食品的消费行为和影响因素，在揭示消费者对转基因食品真实偏好的基础上，提出适合我国实际的转基因食品标识、信息政策。

（2）引入博弈论的分析方法，分析转基因食品生产者和监管部门两个利益主体对转基因食品的态度以及影响态度的因素，总结各相关利益主体对转基因食品的行为特征，从转基因食品生产者和监管部门博弈的角度揭示转基因食品监管的必要性。

（3）构建消费者对于转基因食品的消费行为模型，分析消费者在不同监管政策下的消费行为，实证分析影响消费者行为的影响因素。

（二）研究不足

（1）由于数据获取的原因，本书仅对我国三个城市的部分消费者进行了研究，更大的数据样本和其他城市的消费者状况还有待进一步研究。

（2）本书仅从消费者层面对转基因食品政策效应进行了研究，生产者层面的转基因食品标识、信息政策效应没有涉及。为了更加全面地评价转基因食品的政策，还应该从生产者层面对转基因食品标识、信息政策做进一步的研究。

（3）在实验过程中并没有考虑时间、地点等环境因素对消费者出价的影响，而这些因素有可能会影响消费者的出价，从而影响数据的准确性。

小 结

　　转基因食品的发展对人类发展的意义重大。本章概括了本书的选题背景和意义，研究设计与主要研究内容，研究方法，研究可能出现的创新点和研究不足。下一章将针对相关的文献做进一步回顾和评述。

第二章　关于转基因食品的国内外研究

转基因食品的迅速发展及其广阔的发展前景使得各国学者对于转基因食品相关问题的研究非常广泛，转基因食品的相关理论在分析和实践中得到进一步发展。

一　国内外研究现状

随着转基因食品的广泛应用和迅速发展，有关转基因食品的研究特别是经济学、管理学和社会学角度的研究也快速增加。特别是由于目前没有实际证据能证明转基因食品对人体有害，也没有证据能证明转基因食品具有提高免疫力等作用，因此有关转基因食品消费问题在国内外引起激烈的争论，然而对于转基因食品标识、信息政策的研究还刚刚起步。从整体来看，目前，有关转基因食品的研究主要有以下几个方面：一是消费者维度的研究，特别是大量的文献从消费者维度对各国消费者定性和定量地研究了转基因食品的态度、支付意愿及其影响因素，这部分研究占转基因食品研究文献很大比例。二是对生产者维度的研究，一些研究从生产者生产转基因食品引起福利变化的角度对转基因食品进行分析。三是转基因食品的政府管制及其制度、立法设计方面的研究，特别是很多研究就转基因食品的标识制度展开多层面的学术讨论。

二　消费者维度的转基因食品问题研究

从消费者的角度研究转基因食品问题的文献比较丰富，许多研究对转基因食品进行了定性和定量的研究。主要包括消费者对转基因食品的态度、消费者对转基因食品的支付意愿以及相应的研究方法三个方面的内容。

（一）消费者对转基因食品的态度

消费者对转基因食品态度的研究主要包括世界各国消费者对转基因食品态度差异和影响消费者对转基因食品态度的因素。

1. 世界各国消费者对转基因食品态度差异

根据现有文献研究，不同国家和地区对转基因食品的态度具有很大的差异。欧洲和日本等国家对转基因食品的接受程度较低，[①]而美国和中国等发展中国家对转基因食品的接受程度则比较高。[②]然而，近年来的研究表明各国消费者对于转基因食品的态度在变化。

在生产转基因产品最多的美国，大多数消费者支持转基因技术在食品生产中的应用。[③] 麦克鲁斯和李全 （McCluskey & Liquan）于 2002 年 8 月进行了北京消费者的调查，结果表明：尽管消费者对转基因食品的知识很少，但一般都是正面的态度。这些研究说明美国、中国的消费者对转基因食品表现出较多的宽容和理解，然而

①　Jane K. Selgrade, Christal C. Bowman, Gregory S. Ladics, "Safety Assessment of Biotechnology Products for Potential Risk of Food Allergy: Implications of New Research", *Toxicol Science*, Vol. 110, No. 31, 2009.

②　Hallman W. K., Hebden WC, Cuite CL, *Americans and GM food Knowledge*, *Opinnion & Institute*, *Cook college*, *Rutgers*, The State University of New Jersey Press, 2004.

③　Chern, W. S. et al., "Consumer Acceptance and Willingness to Pay for Genetically Modified Vegetable Oil and Salmon: A Multiple-country Assessment", *Agriculture Bioscience Forum*, Vol. 5, No. 3, 2002.

近期的研究发现中国消费者对于转基因食品的态度在变化。① 刘玲玲通过调查中国不同地区消费者对转基因大米的态度，得出结论：目前公众对转基因食品的了解和接受程度普遍偏低。② 平静以转基因食品对人类健康存在的问题为出发点进行研究，认为转基因食品存在伦理疑虑并探讨其相应的发展对策。③ 这些研究体现了中国消费者对待转基因食品的态度不再是过去的一味接受，而是开始关注转基因食品有可能给人们带来的各种风险。

在欧洲，许多研究表明消费者很难接受转基因食品。④ 奥康纳（O'Connor）研究得到，大部分爱尔兰消费者对转基因食品持否定态度。⑤ 这些研究表明欧洲和世界上其他一些地方的消费者对转基因食品有着实质性的抵抗。然而 Martha 评述了目前英国消费者对于转基因食品的争论，认为已经有部分英国消费者对转基因食品持肯定态度。⑥ 奥康纳也认为有部分爱尔兰的消费者会接受有利于健康的转基因食品。⑦ 这些研究说明一直以来对于转基因食品持否定态度的欧洲消费者的态度在变化，他们逐渐开始接受转基因

① McCluskey J., Wahal T., "Reacting to GM Foods Consumer Response in Asia and Europe", *Highlights College of Agriculture and Home Economics*, Vol. 32, No. 15, 2003.

② 刘玲玲：《消费者对转基因食品的认知及潜在态度初探——以转基因大米为例的个案调查》，《农业消费展望》2010 年第 8 期。

③ 平静：《转基因食品存在的人类健康伦理疑虑及其发展对策》，《经济与社会发展》2010 年第 6 期。

④ Knight, J. G., D. W. Mather and D. K. Holdsworth, "Impact of genetic modification on country image of imported food products in European markets: Perceptions of channel members", *Food Policy*, Vol. 30, No. 4, 2005.

⑤ O'Connor, E., C. Cowan, G. Williams, J. O'connell and M. P. Boland, "Irish consumer acceptance of a hypothetical second – generation GM yogurt product", *Food Quality and Preference*, Vol. 17, No. 5, 2006.

⑥ Martha Augoustinos, Shona Crabb and Richard Shepherd, "Genetically modified food in the news: media representations of the GM debate in the UK", *Public Understanding of Science*, Vol. 98, No. 19, 2010.

⑦ O'Connor, E., C. Cowan, G. Williams, J. O'connell and M. P. Boland, "Irish consumer acceptance of a hypothetical second—generation GM yogurt product", *Food Quality and Preference*, Vol. 17, No. 5, 2006.

食品。

2. 影响消费者对转基因食品态度的因素

为了更深入地探讨消费者对转基因食品不同态度的影响因素，部分研究定量分析影响消费者对转基因态度的因素。归纳起来主要包括消费者对转基因食品的认知水平、消费者特征、消费者意识、信息等因素。

（1）认知水平。消费者对转基因食品的认知水平显著影响消费者对转基因食品的态度。陈信（Chen，Hsin - Yi）认为随着时间的推移，消费者对转基因食品的认知水平在提高，但是接受程度却在下降。[①] 黄季焜认为总体上来看，中国消费者对转基因食品的了解程度很低，没有听说过转基因食品的消费者对转基因食品的接受程度低于听说过的消费者。[②] 但是林威廉（Lin，William）发现，听说过转基因食品超过三年的消费者对转基因食品的态度与没有听说过转基因食品的态度基本相同。[③]

（2）消费者特征。消费者的个人特征主要包括性别、年龄、教育程度、收入水平、居住区域等因素。从性别角度看，毫森（Hossain）指出，男性消费者比女性消费者更容易接受转基因食品，[④] 然而，也有研究认为性别不会对转基因食品的消费产生明显

---

① Chen, Hsin - Yi and Wen S. Chern, "Willingness to Pay for GM Foods: Results from a Public Survey in the U. S. ", *Paper prepared for presentation at the 6th International Conference on "Agricultural Biotechnology: New Avenues for Production Consumption and Technology Transfer"*, Ravello, Italy, Vol. 492, No. 11, 2002.

② 黄季焜、仇焕广等：《中国城市消费者对转基因食品的认知程度、接受程度和购买意愿》，《中国软科学》2006 年第 2 期。

③ Lin, W., A. Somwaru, F. Tuan, J. Huang and J. Bai, "Consumer Attitudes toward Biotech Food in China", *Journal of International Food and Agribusiness Marketing*, Vol. 2, No. 18, 2006.

④ Hossain F., B. Onyango, A. Adelaja, B. Schilling and W. Hallman, "Consumer Acceptance of Food Biotechnology: Willingness to Buy Genetically Modified Food Products", *Food Policy Institute*, Vol. 169, No. 18, 2002.

的影响。[①] 从年龄角度来看，毫森认为老年人是最不愿意接受转基因食品的人群，[②] 而林威廉认为年龄与消费者对转基因食品的消费意愿关系不显著。[③] 从教育程度来看，林威廉认为受教育水平越高，越不愿意接受转基因食品，[④] 而毫森认为两者之间没有明显的关系。[⑤] 从收入水平角度来看，哈夫曼（Huffman，W.）[⑥] 认为收入水平越高，消费者越不愿意接受转基因食品，但也有学者认为消费者收入水平越高越愿意购买转基因食品。[⑦] 从居住区域角度来看，林威廉认为小城市消费者对转基因食品的接受程度高于中等城市和大城市，[⑧] 而侯守礼却认为市区的消费者比郊区的消费者更能够接受转基因食品。[⑨]

（3）消费者的风险意识。消费者的风险意识是消费者对转基

① Chern, W. S. et al., "Consumer Acceptance and Willingness to Pay for Genetically Modified Vegetable Oil and Salmon: A Multiple – country Assessment", *Agriculture Bioscience Forum*, Vol. 5, No. 3, 2002.

② Hossain F., B. Onyango, A. Adelaja, B. Schilling and W. Hallman, "Consumer Acceptance of Food Biotechnology: Willingness to Buy Genetically Modified Food Products", *Food Policy Institute*, Vol. 169, No. 18, 2002.

③ Lin, W., A. Somwaru, F. Tuan, J. Huang and J. Bai, "Consumer Attitudes toward Biotech Food in China", *Journal of International Food and Agribusiness Marketing*, Vol. 2, No. 18, 2006.

④ Ibid. .

⑤ Hossain F., B. Onyango, A. Adelaja, B. Schilling and W. Hallman, "Consumer Acceptance of Food Biotechnology: Willingness to Buy Genetically Modified Food Products", *Food Policy Institute*, Vol. 169, No. 18, 2002.

⑥ Huffman, W., M. Rousu, J. F. Shogren and A. Tegene, "Consumers' Resistance to Genetically Modified Foods in High Income Countries: The Role of Information in an Uncertain Environment", *Proceedings of the 25th International Conference of Agricultural Economists*, Durban, South Africa, Vol. 22, No. 6, August 2003.

⑦ Oda, L., and B. Soares, "Genetically Modified Food: Economic Aspects and Public Acceptance in Brazil", *Trends in Biotecology*, Vol. 18, No. 5, 2000.

⑧ Lin, W., A. Somwaru, F. Tuan, J. Huang and J. Bai, "Consumer Attitudes toward Biotech Food in China", *Journal of International Food and Agribusiness Marketing*, Vol. 2, No. 18, 2006.

⑨ 侯守礼、王威、顾海英：《消费者对转基因食品的意愿支付：来自上海的经验证据》，《农业技术经济》2004 年第 4 期。

因食品的态度的重要影响因素，而消费者对转基因食品的风险评估主要来自对转基因技术的风险评估。[1] 哈尔曼（Hallman W. K.）认为越是风险规避的人越不愿意接受转基因食品；[2] 而古方（Grunertk, K. G.）认为消费者对转基因食品的态度中存在可选择的感知风险和收益，可感知的收益在消费者的支付意愿上比可感知的风险更重要，[3] 兰汀（Lahteennaki, L.）也认为尽管消费者对转基因技术持否定态度，但是口味和健康利益使消费者接受转基因食品。[4]

（4）信息。信息也是消费者对转基因食品的态度的重要影响因素。罗苏（Rousu, M.）和哈夫曼采用实验法研究不同信息在消费者对转基因食品态度中的影响，认为环境组织发布的有关转基因技术的负面信息显著降低了美国消费者对于转基因食品的需求。[5] 黄季焜等研究表明传媒和政府提供的信息显著影响中国消费者的转基因食品态度。[6] 哈夫曼提出了一个关于不同来源信息影响消费者对转基因食品购买决策的框架，认为来自利益相关方、非利益相关

---

[1] Moon W. and S. Balasubramanian, "Public Perceptions and Willingness – to – pay a Premium For Non – GM Foods in the US and UK", *Agriculture Bioscience Forum*, Vol. 4, No. 3, 2001.

[2] Hallman W. K., Hebden WC, Cuite CL, *Americans and GM food Knowledge*, *Opinnion & Institute*, *Cook college*, *Rutgers*, The State University of New Jersey Press, 2004.

[3] Grunert, K. G., L. Lahteenmaki, N. A. Nielsen, "Consumer Perceptions of Food Products Involving Genetic Modification – Results from A Qualitative Study in Four Nordic Countries", *Food Quality and Preference*, Vol. 12, No. 8, 2001.

[4] Lahteennaki, L., K. Grunert, O. Ueland, A. Astrom, A. Arvola and T. Bech – Lalsen, "Acceptability of genetically modified cheese presented as real product alternative", *Food Quality and Preference*, Vol. 13, No. 7, 2002.

[5] Rousu, M., W. Huffman, J. F. Shogren and A. Tegene, "The Value of Verifiable Information in a Controversial Market: Evidence from Lab Auctions of Genetically Modified Food", *Working Paper of Department of Economics*, Iowa State University, Vol. 2, 2002.

[6] 黄季焜、仇焕广等：《中国城市消费者对转基因食品的认知程度、接受程度和购买意愿》，《中国软科学》2006 年第 2 期。

方、政府、环境保护者的信息都能够影响消费者态度。[①]

由此可见，消费者对于转基因食品的态度及其影响因素的研究有助于人们更进一步了解消费者对于转基因食品的态度，也帮助相关企业和政府制定相关政策。

（二）消费者对转基因食品的支付意愿

消费者行为是指消费者为了满足自身的物质和精神需要，根据外部环境和内在条件，进行消费的行为总和。消费者对转基因食品的支付意愿则是消费者根据自己的估价愿意为转基因食品支付的货币量。深入探讨消费者对于转基因食品的支付意愿和影响因素，可以有效解释消费者的消费需求变动，从而为制定相应的政策提供依据。

1. 消费者对转基因食品支付意愿的测算

近年来关于消费者对转基因食品支付意愿的研究很多。大部分消费者都愿意为非转基因食品支付额外的费用来避免选择同类转基因食品，这项多支出的费用可超过转基因食品价格的50%。[②] 查尔斯（Charles Noussair）& Chern 的研究结果显示，消费者愿意支付5%—8%、15%—28%、10%—17% 额外的费用来购买非转基因菜籽油、三文鱼和谷物类早餐食品，认为更低的价格会使得消费者更愿意接受转基因产品。[③] 钟甫宁和丁玉莲根据城市居民入户调查数据，研究了超市消费者的各类特征对其食用油购买行为的影响，并把消费者个体购买行为加总，形成转基因油的市场趋势，认为消费者对转基因食品的支付意愿受到购买决策者的特征、风险意识、家

---

① Huffman W., Rousu M., Shogren J. F. et al., "The effects of prior beliefs and learning on consumers acceptance of genetically modified foods", *American Journal of Agricultural Economics*, Vol. 63, No. 6, 2007.

② 平静：《转基因食品存在的人类健康伦理疑虑及其发展对策》，《经济与社会发展》2010 年第 6 期。

③ Charles Noussair, Stephane Robin & Bernard Ruffieux, "Do Consumers Really Refuse To Buy Genetically Modified Food?", *The Economic Journal*, Vol. 114, No. 492, 2004.

庭社会经济条件等因素的影响。①

2. 影响消费者对转基因食品支付意愿的因素

消费者对转基因食品的态度和支付意愿有很强的一致性，消费者对转基因食品的态度直接影响消费者对于转基因食品的支付意愿。② 因此影响消费者对转基因食品态度和支付意愿的因素也有一定的重合。但是两者有明显的区别：一方面，消费者态度没有考虑价格因素，而影响支付意愿的重要因素是价格；另一方面，消费者的态度不能代表消费者对转基因食品的实际消费需求、实际购买行为和实际消费需求。因此，除了认知水平、消费者特征、消费者风险意识、信息以外，转基因食品的价格、标识等因素也影响消费者对转基因食品的支付意愿。

（1）价格。价格能够影响消费者对于转基因食品的支付意愿，甚至可以改变消费者对于转基因食品的态度。③ 当转基因食品拥有足够的折扣时，美国消费者还是会选择转基因食品，因为价格对支付意愿有显著的负影响，转基因食品的价格越高，消费者获得的效用越低。④ 黄季焜的研究表明，转基因食品的价格对中国消费者的支付意愿具有显著影响，如果转基因食品的价格低 10%，愿意购买转基因食品的消费者比例从 65% 增加到 74%。⑤

（2）标识。由于目前世界各国对于转基因食品的标识政策不同，美国对于转基因食品采取自愿加标签的政策，而欧洲、日本对于转基因食品采取强制加标签的政策。因此，不同的标识政策成为

---

① 钟甫宁、丁玉莲：《消费者对转基因食品的认知情况及潜在态度初探——南京市消费者的个案调查》，《中国农村观察》2004 年第 1 期。

② 王迁：《美国转基因食品管制制度研究》，《东南亚研究》2006 年第 2 期。

③ Huffman W., Rousu M, Shogren J. F. et al., "The effects of prior beliefs and learning on consumers acceptance of genetically modified foods", *American Journal of Agricultural Economics*, Vol. 63, No. 6, 2007.

④ Kaneko, N. and W. S. Chern, "Consumer Acceptance of Consumer Affairs", *Food Policy*, Vol. 37, No. 2, 2003.

⑤ 黄季焜、仇焕广等：《中国城市消费者对转基因食品的认知程度、接受程度和购买意愿》，《中国软科学》2006 年第 2 期。

影响消费者支付意愿的重要因素。洛雷罗（Loureiro，M. L）研究了美国消费者强制加标签和自愿加标签的支付意愿，结果表明在强制加标签制度下消费者的福利比自愿加标签低，说明美国消费者仍然认同美国现行的自愿标识体系。① 相对来说赞成对转基因食品加贴标识的消费者接受转基因食品的意愿更小。② 哈夫曼也认为当食品被标识为转基因食品后，消费者的支付意愿将会变小。③

（三）消费者维度的转基因食品问题研究方法

　　由于对转基因食品问题的研究方法是了解消费者对转基因食品态度和支付意愿的前提，是实证研究的基础，因此选择合适的研究方法进行转基因食品问题研究显得尤其重要。目前的研究方法主要有调查询问法、以往数据分析法和实验方法。

　　1. 调查询问法

　　调查询问法一般是指，通过一些假设问题，让消费者自己填写出对于某种商品的估值或者保留价格，④ 或通过问卷调查或电话访谈等方式评估消费者对于转基因食品的认知程度、态度、支付意愿及其影响因素。⑤ 这种方法的优势在于研究者可以创造出一个假想市场，可以非常灵活地构建理想市场并通过假设来了解消费者的各种需求。但是这种方法有个明显的缺点，无论问卷设计得多么完

---

　　① Loureiro, M. L. and S. Hine, "Preferences and willingness to pay for GM labeling policies", *Food Policy*, Vol. 29, No. 5, 2004.

　　② Rodolfo M. N., "Acceptance of genetically Modified Food: Comparing Consumer Perspective in the United States and South Korea", *Agricaltural Economics*, Vol. 34, No. 3, 2006.

　　③ Huffman W., Rousu M., Shogren J. F. et al., "The effects of prior beliefs and learning on consumers acceptance of genetically modified foods", *American Journal of Agricultural Economics*, Vol. 63, No. 6, 2007.

　　④ 刘玲玲：《消费者对转基因食品的认知及潜在态度初探——以转基因大米为例的个案调查》，《农业消费展望》2010 年第 8 期。

　　⑤ 钟甫宁、丁玉莲：《消费者对转基因食品的认知情况及潜在态度初探——南京市消费者的个案调查》，《中国农村观察》2004 年第 1 期。

善，都不能和真实的市场环境相比。消费者在问卷的假设下对消费品进行估值往往忽略自身的预算约束和替代品，这样的估值就会与真实值之间存在一定的偏差。哈内曼认为问卷情景描述中提供的信息缺陷会对被访者支付意愿的表达产生重要影响，由调查询问法得到的支付意愿和购买意图可能并不可靠。[①] 卢斯克（Lusk，J.）认为问卷方法中消费者可能采取策略行为，试图通过其对支付意愿的高估或低估来影响市场政策的制定，并且研究人员调查时很难把握一个中立的立场。[②] 因此调查询问法毕竟不是真实的市场行为，无论调查问卷设计得多么完善，也无法和真实的市场相比较。

2. 以往数据分析法

以往数据分析法是对以往的消费数据进行分析，从中揭示出消费者对商品的估值或者保留价格。钟甫宁[③]及李恩（Lin，W.）[④]采用相同的超市实际销售数据，分别研究了转基因食用油市场份额的变动趋势。钟甫宁将调查询问法和以往数据分析法结合，根据入户调查数据研究超市消费者的各类特征对其食用油购买行为的影响，加总消费者个体购买行为形成转基因油的市场趋势，验证由超市销售数据得出的结论。[⑤] 这种方法能够真实反映消费者的消费行为，测度过去市场上的消费者行为。

由于以往数据分析法使用真实的市场消费数据，所以以往数

---

① Hanemann, W., J. Loomis and B. Kanninen, "Statistical Efficiency of Double bounded Dichotomous Choice Contingent Valuation", *American Journal Agricultural Economics*, Vol. 73, No. 4, 1991.

② Lusk, J., "Effect of Cheap Talk on Consumer Willingness – to – pay for Golden Rice", *American Journal of Agricultural Economics*, Vol. 85, No. 4, 2003.

③ 钟甫宁、陈希、叶锡君：《转基因食品标签与消费偏好——以南京市超市食用油实际销售数据为例》，《经济学季刊》2006 年第 4 期。

④ Lin, W., A. Somwaru, F. Tuan, J. Huang and J. Bai, "Consumer Attitudes toward Biotech Food in China", *Journal of International Food and Agribusiness Marketing*, Vol. 2, No. 18, 2006.

⑤ 钟甫宁、陈希：《转基因食品、消费者购买行为与市场份额——以城市居民超市食用油消费为例的验证》，《经济学季刊》2008 年第 3 期。

据分析法有效解决了调查询问法假想市场的缺陷。但是，由于以往数据分析法研究的是过去的固定环境下的数据，而且是加总的宏观数据。因此，这种方法不能研究消费者个人特征、认知水平、风险偏好、信息、标识等影响消费者对转基因食品支付意愿的因素。

3. 实验方法

实验经济学的方法将模拟真实市场的交易环境来得到消费者的真实消费行为数据。自从实验方法运用于经济学研究以来，实验经济学成为检验经济学理论的重要手段。在国外已有很多相关的研究，实验经济学家用实验的方法研究转基因食品是否标识对消费者福利影响等领域的问题。[1][2]

由于实验方法是在实验的环境控制下，通过设计一定的拍卖机制，模拟出真实的市场环境，让消费者在这种环境下做出消费决策，并且消费者陈述自己的偏好将面临真实的经济后果。所以，消费者会考虑自己的预算约束，会尽可能按照自己的真实偏好进行估值，从而减少最终结果与真实市场的偏离程度。因此，这种环境下得到的实验数据接近真实市场的数据。罗苏运用实验经济学的方法研究不同来源的信息影响消费者对转基因食品的态度。[3] 欧恺运用实验方法获得消费者对于转基因食用油和非转基因食用油的支付意愿。[4]

实验方法作为研究消费者维度的转基因食品问题具有其独特的

---

[1]　Chern, W. S. et al., "Consumer Acceptance and Willingness to Pay for Genetically Modified Vegetable Oil and Salmon: A Multiple – country Assessment", *Agriculture Bioscience Forum*, Vol. 5, No. 3, 2002.

[2]　Charles Noussair, Stephane Robin & Bernard Ruffieux, "Do Consumers Really Refuse To Buy Genetically Modified Food?", *The Economic Journal*, Vol. 114, No. 492, 2004.

[3]　Rousu, M., W. Huffman, J. F. Shogren and A. Tegene, "The Value of Verifiable Information in a Controversial Market: Evidence from Lab Auctions of Genetically Modified Food", *Working Paper of Department of Economics*, Iowa State University, Vol. 2, 2002.

[4]　欧恺:《基于实验经济学的转基因食品消费研究》，硕士学位论文，上海交通大学，2008 年。

优势。一方面，能够模拟真实交易市场，获得相对客观的数据；另一方面，实验方法比较灵活，能够模拟不同的消费环境，研究不同消费者在不同信息、标识制度下的支付意愿。因此，实验方法逐渐成为研究消费者维度的转基因食品问题的重要方法。

综上，消费者对转基因食品态度及其影响因素的研究帮助相关企业和监管部门制定相应的对策。而进一步的研究是量化消费者对转基因食品态度，测度消费者对于转基因食品的支付意愿。关于消费者对转基因食品支付意愿及其影响因素的研究有助于更好地了解消费者对转基因食品的态度，更准确地掌握转基因食品的价格和市场需求。此外，消费者维度的转基因食品研究为监管部门制定转基因食品标识、信息政策提供了依据，从而使消费者更愿意接受和消费转基因食品，刺激转基因食品消费市场，使得转基因食品生产者能够生产更多转基因食品，促进转基因食品产业健康地发展。

三　生产者维度的转基因食品问题研究

尽管相比于消费者维度的转基因食品研究，生产者维度的转基因食品研究很少，但是也有一些学者从生产者维度展开了一些研究。从转基因农作物生产方面的研究来看，黄季焜（Huang. J. K.）从单产和生产投入成本角度进行了研究，以一般的生产函数构建了计量分析模型，从生产者维度研究了转基因食品的投入产出关系。① 大卫·达尔（David Darr）和文·S. 车恩（Wen S. Chern）通过对俄亥俄州 2000 个谷物农场主的调查发现，单个的农场主特征（如地区、生产成本）不能解释转基因作物的种植意愿。农场主面对不同的销售机构，有的喜欢转基因食品而有的不喜欢，如果

---

① Huang, J. K., H. Qiu, J. Bai, and C. Pray, "Awareness, acceptance of and willingness to buy genetically modified foods in Urban China", *Appetite*, Vol. 46, No. 2, 2006.

农场主能够把两种产品方便地分开就会获得更大收益。[1] 富尔顿
（Fulton）等的研究中也已指出了市场区分成本对于生产者福利的
重要影响。[2] 安尔尼（Aerni，P.）调查了南非某地区 100 个农户
在连续两个耕作年度里棉花种植情况，以分析转基因技术使用对农
户的影响。结果发现，转基因棉花的推广在减少化学投入品施用和
提高产量方面的效应超过了种子价格的提高，从而降低了生产成
本。同时他们还使用了随机效率前沿方法进行估计，发现头一耕作
年度使用转基因技术的农户实现了生产可能性的 88%，而没有使
用转基因技术的农户只实现了 66%。由于大雨影响，后一耕作年
度分别实现了 74% 和 48%。[3] 苏军等以实证方法对转基因抗虫棉
在减少农药施用、降低生产成本、减轻农民劳动以及增加农民收入
方面的作用展开了研究。[4] 在此基础上，范存会又进一步调查了棉
花主产省份连续三年一千余农户的棉花生产情况，分析了转基因抗
虫棉大田种植对棉农施用农药的影响及政策含义。[5] 由于专利制度
的出现，导致大型生物、化学公司开始进入种子产业，风险投资也
大量涌现，生物技术创新的收益更多被生物技术公司拿走，这可能
也是农户采用转基因比例不高的原因。市场分离成本和技术不确定
的程度是影响农户采用转基因技术的重要因素，而需求弹性、产业
内的竞争结构、最终产品中转基因成分的比例、替代品等也是影响

---

[1]　David Darr and Wen Chern, "Analysis of Genetically Modified Organism Adoption by Ohion Grain Farmers", *Paper Prepared For Presentation at the 6th Internatonal Conference on "Agricultural Biotechnology: New Avenues for Production, Consumption and Technology Transfer"*, Italy, Vol. 14, No. 7, 2002.

[2]　Giannaka and Fulton, "Consumption Effects of Genetically Modification: What if Consumers are Right?", *Agricultural Economics*, Vol. 27, No. 2, 2002.

[3]　Aerni, P., "Stakeholder attitudes towards the risks and benefits of genetically modified crops in South Africa", *Environment Science & Policy*, Vol. 8, No. 5, 2005.

[4]　苏军、黄季焜、乔方彬：《转 Bt 基因抗虫棉生产的经济效益分析》，《农业技术经济》2000 年第 5 期。

[5]　范存会：《我国采用 Bt 抗虫棉的经济和健康影响》，硕士学位论文，中国农业科学院，2002 年。

市场分离成本的原因。①

生产者反应研究的另一部分来自博弈论框架下的厂商行为分析。转基因食品在很大程度上是运行在不完全信息市场中的新产品，因此对于转基因食品厂商行为的理论分析，都建立在不完全信息的基础上。麦克拉斯基（McCluskey, J.）发展了一个在不完美认证制度下的两时期垄断企业模型，在不同的假定下讨论了对于信用品的不完美管制，指出，厂商或许会选择他们希望的产品质量，第三方监管或者管制在确保市场运行方面是必要的。②

四 转基因食品政府监管政策方面的研究

由于转基因食品具有风险不确定性和信息不对称性的特征，加之各国公众对转基因食品态度的不一，因此对各国政府来说，加强监管，并在制定转基因食品标识、信息政策方面有所突破，成为学术界研究颇多的问题。主要包括以下几个方面：一是转基因食品的社会、经济影响评价研究；二是转基因食品的国际贸易问题研究；三是转基因食品监管制度、立法设计方面的研究。

（一）转基因食品的社会、经济影响评价研究

国内外不少学者从不同的角度对转基因食品的社会和经济影响进行了评价和分析。尽管转基因食品给人类带来巨大的经济效益，但是也可能会带来各种风险和伦理问题。毛新志系统地探讨了转基因食品商业化中的伦理问题。针对转基因食品是否安全、是否应该标识、基因是否应该授予专利权、如何保证转基因食品商业化的利益公正分配等问题进行分析。他认为转基因食品的商业化可以得到

---

① Nielsen, C. P., K. Thierfelder and S. Robinson, "Consumer preferences and trade in genetically modified foods", *Journal of Policy Modeling*, Vol. 8, No. 25, 2003.

② Mccluskey, J., Wahal T., "Reacting to GM Foods Consumer Response in Asia and Europe", *Highlights College of Agriculture and Home Economics*, Vol. 32, No. 15, 2003.

部分辩护，即转基因食品可以商业化。但转基因食品商业化的关键问题是应该如何进行商业化，其中，一是要采取有效措施尽量扩大转基因食品商业化的收益并减少它的风险，二是要保证转基因食品商业化的利益公正分配。同时，指出要对转基因食品的各种风险进行社会控制。另外，还研究了转基因食品社会评价的主体结构系统，即运用社会评价论和福柯的权力理论，对转基因食品社会评价的主体结构系统的管理决策系统、专家系统和公众系统等三个子系统的要素、功能和子系统之间的关系进行了细致的分析与探讨。①

更多学者从经济学角度分析了转基因食品的经济影响，无论是国外还是国内研究都比较丰富。国外的研究起步较早，例如林地（Lindie）对肯尼亚农民种植转基因田薯经济效益进行评价，探讨农业生物技术对半自给农业的影响，表明非洲农民将是生物技术的受益者，发达国家私人企业拥有的专利权是发展中国家推广和应用转基因技术的最大障碍。② 海因（Hins）和洛雷罗在考虑欧盟共同农业政策（CAP）的条件下，分别研究采用和拒绝转基因食品的影响。由于转基因技术是要素偏斜的技术进步，导致生产率的影响在作物之间是不同的。只是跨国转移被模型化为一个内生知识溢出过程。多地区应用一般均衡模型分析显示：CAP 拒绝接受转基因技术，保护了农场主收入但是造成了福利损失。如果继续禁止转基因食品进口，欧盟的实质利益将会丧失。③ 胡果（Hugo，D. G）利用GIS 模型评估转基因玉米在肯尼亚应用的潜在影响，研究发现，如果转基因玉米在抵抗四种杂草的基础上还能够抵抗 B. fusca 这种杂

---

① 毛新志、张利平：《公众参与转基因食品评价的条件、模式和流程》，《中国科技论坛》2008 年第 5 期。

② Lindie, Beyers and Colin, "Can GM – Technologies help African smallholders? The impact of Bt Cotton in the Makhathini Flats of KwaZulu – Natal", *The 25th International Conference of Agricultural Economist*, Durban, South Africa, 2003.

③ Hine, S. and M. L. Loureiro, "Understanding Consumers' Perceptions toward Biotechnology and Labeling", *Selected Paper of American Agricultural Economics Association Annual Meeting*, Long Beach, CA., Vol. 28, No. 7, 2002.

草，那么，玉米的种植率会有相当大的提高。尽管目前对肯尼亚农户来讲转基因玉米总体收益要大于非转基因玉米，但种植率还不是特别高。如果能抵抗五种杂草，则在标准的经济学假定下总经济剩余将达到 2.08 亿美元，其中 66% 是消费者剩余。[①] 卡斯威尔（Caswell，J. A.）描述了一个评估农业生物技术经济效益和成本的概念模型框架，并以大豆为例来说明这个模型，他的模型与前述几个模型的区别在于不是单纯的经济计量评价，而是考虑所有权的性质。各国知识产权保护的不一致影响了利益的分配。知识产权保护的出现，使得转基因技术和以往农业技术进步都很不相同，更多地表现为私人企业对技术的投入。同时技术创新依赖于消费者接受程度，也和传统农业技术不同，消费者对转基因技术的接受程度大大下降，反对程度也非常强烈。从这个意义上，农业生物技术将越来越失去公共性质。转基因技术的发展还可能改变各国的比较优势，国际协调的转基因食品标识、信息政策，将能促进社会福利的提高。[②]

国内也有不少学者研究了转基因作物的经济影响。范存会通过对主要棉花生产省份 1052 户种棉农户和 1783 样本地块数据的分析，系统地研究了转基因抗虫棉的经济和健康影响。作者估计了棉农农药施用方程和棉花损失控制生产函数，分析了转基因抗虫棉对棉花农药使用和棉花产量的影响，同时比较了种植转基因棉和非转基因棉农户在使用农药过程中的差异，测算了 1997 年以来抗虫棉的推广对全国棉花农药使用量、棉花产量以及棉农施农药中毒事件的影响，并对经济影响的不同受益者进行了分析。利用生产模型的

① Hugo D. G., William, James and Stephen, "Assessing the potential impact of Bt maize in Kenya using a GIS model", *The 25th International Conference of Agricultural Economist*, Durban, South Africa, 2003.

② Mojduszka E. M. and Caswell J. A., "A Test of Nutritional Quality Signaling in Food Markets Prior to Implementation of Mandatory Labeling", *American Journal of Agricultural Economics*, Vol. 5, No. 2, 2000.

分析结果进行估算，全国 2001 年棉花产量由于该技术的推广增加
45 万吨，棉花产量增加产生的经济剩余达 27 亿元。如果国内棉花
的需求价格弹性是 1，供给价格弹性是 0.5，农户的生产者剩余将
增加 18 亿元，占总经济剩余的 67%，其他的 33% 为消费者剩余。①
郭艳芹以转基因水稻为例，对我国转基因科研投资的经济效益进行
评估。其研究的主要内容包括，调查我国农业生物技术和转基因水
稻的科研投资和技术发展，模拟其被批准商业化生产后对生产、消
费、价格和收益的影响，研究转基因水稻在农户生产时的投入和产
出情况，并估计不同政策方案下我国转基因水稻的科研投资内部收
益率。研究结果表明，转 Bt 基因水稻的抗虫效果明显，可以节约
生产成本 198 元/公顷，增加产值 234 元/公顷，共增加收入 432
元/公顷，具有增加农民收入、改善农民健康的良好社会效益和生
态环境效益。② 范会婷对河北省转基因棉经济效益进行了细致的分
析。根据河北省历年关于棉花生产的相关数据，作者对河北省转基
因棉推广使用前后的经济效益进行了分析，研究显示，现阶段河北
省的棉花生产存在着棉种市场混乱、种子价格高，转基因棉种植过
程中生产资料投入不合理，棉花价格影响棉花的经济效益及转基因
棉潜在的生态风险等问题。通过经济效益影响因素的分析得出结
论：转基因棉在河北省的应用并没有充分发挥其潜在的经济效
益。③

（二）转基因食品的国际贸易问题研究

随着转基因技术的飞速发展和广泛运用，转基因食品国际贸易

---

① 范存会：《我国采用 Bt 抗虫棉的经济和健康影响》，硕士学位论文，中国农业
科学院，2002 年。
② 郭艳芹：《我国转基因科研投资的经济效益评估》，硕士学位论文，新疆农业大
学，2004 年。
③ 范会婷：《河北省转基因棉经济效益分析》，硕士学位论文，河北农业大学，
2008 年。

问题日益成为学术界普遍关注的一个问题。特别是，由于美国和欧洲对待转基因食品的态度大相径庭，因此各国之间有关转基因食品的国际贸易摩擦日益加剧。如何解决这些贸易摩擦，如何推动贸易自由化，如何制定有利于本国的转基因食品国际贸易政策，如何完善转基因食品国际贸易制度框架等，都成为学者们研究颇多的问题。

毫尔（Hall，C.）的研究表明，在经济全球化和农业国际化的大背景下，与传统的农产品一样，各国制订的各种管理转基因农产品的标准和规则应该置于有关国际协议的约束之下。[1] 洛雷罗讨论了大西洋两岸由于对农业转基因技术管制政策不同而产生的与贸易有关的问题。在给出管制保护主义定义和讨论贸易政策等文献的基础上，实证分析管制对于美欧农产品贸易的影响，结果证明美国认为"管制损害了美国出口商的利益"的判断。[2] 计量分析结果显示：1997—2000 年美国对欧盟玉米种子出口没有波动，但其他类型的玉米却出现了负向的波动，因此，下游的批发商和消费者由于对转基因食品的恐惧而不愿购买的行为比种植禁令更能解释美国对欧盟玉米出口的下降。安德森（Anderson）使用全球贸易分析模型模拟分析了转基因作物贸易政策对全球农产品贸易和经济福利的影响，各国不同的政策和消费者反应，将改变全球转基因作物生产的潜在分布、规模和经济福利。[3] 此外，海因还就转基因食品国际贸易标签问题作了重要的论述。[4] 国内也有不少学者从国际贸易视角

① Hall, C. and D. Moran, "Investigation of GM risk perceptions: A survey of anti – GM and environment campaign group members", *Journal of Rural Studies*, Vol. 22, No. 1, 2006.

② Loureiro, M. L. and S. Hine, "Preferences and willingness to pay for GM labeling policies", *Food Policy*, Vol. 29, No. 5, 2004.

③ Anderson, Kym and Shunli Yao, "China and World Trade in Agricultural and Textile Products", *Paper prepared for the Forth Annual Conference on Global Economic Analysis*, Purdue University West Lafayette, Indiana, 2001.

④ Hine, S. and M. L. Loureiro, "Understanding Consumers' Perceptions toward Biotechnology and Labeling", *Selected Paper of American Agricultural Economics Association Annual Meeting*, Long Beach, CA., Vol. 28, No. 7, 2002.

展开细致的研究并给出了各种很好的政策建议，代表性的有马述忠和黄祖辉①、夏友富等②、耿献辉和周应恒等。③

（三） 转基因食品监管制度、立法设计方面的研究

由于各国公众对转基因食品态度不一，因此各国政府对转基因食品标识、信息政策的制定以及立法设计有很大差异。

欧洲消费者不愿意购买转基因食品的原因，除了被绿色和平组织、国际消费者联盟等环保组织大力宣传转基因食品存在潜在风险外，更有可能是因为欧盟频繁发生如疯牛病、口蹄疫等食品不安全事件而导致消费者对于食品安全监管的不信任。④ 尼尔森（Nielsen，C. P.）指出，鉴于农业生物技术的大量研究与开发投入和许多转基因食品已经在市场上大规模销售的现实，禁止转基因食品是不现实的，而且确实已经太晚了。⑤ 从现在来看，一个有效的公共政策应当包含以下要素：推进科学界、产业界、政治界、消费者以及非政府组织之间的交流；关注私人企业责任的立法；制定标准监督和检验转基因食品的环境、生态和健康后果，确保消费者能在含有和不含有转基因成分的食品间进行自由的选择。洛雷罗认为，良好的管制政策能够促进转基因技术的发展以及保护消费者利益，与其说美国消费者对于转基因食品有信心或者说喜欢转基因食

---

① 马述忠、黄祖辉：《我国转基因农产品国际贸易标签管理：现状、规则及其对策建议》，《农业技术经济》2002 年第 1 期。

② 夏友富、田凤辉、卜伟：《尚未设防 GMO——转基因产品国际贸易与中国进口定量研究》，《国际贸易》2001 年第 7 期。

③ 耿献辉、周应恒等：《农业转基因生物安全管理条例对大豆贸易的影响》，《国际贸易问题》2002 年第 6 期。

④ Moon W. and S. Balasubramanian, "A Muthi – attribute Model of Public Acceptance of Genetically Modified Organism", *Paper Presented at the Annual Meetings of the American Agricultural Economics Association*, Chicago, Vol. 5, No. 8, 2001.

⑤ Nielsen, C. P., K. Thierfelder and S. Robinson, "Consumer preferences and trade in genetically modified foods", *Journal of Policy Modeling*, Vol. 8, No. 25, 2003.

品，不如说是由于美国消费者对于食品管制政策的信任。①

　　不少学者研究国外发达国家对转基因食品的管理及其对我国的借鉴意义。例如，袁军和宋林通过对世界各国转基因食品的态度和管理模式以及国际组织的相关管理比较研究，探讨我国在转基因食品监管中的借鉴作用以及中国需要着重解决的几个管理问题。② 胡品洁和杨昌举对转基因食品标识、信息政策差异的影响因素进行了分析。③ 殷正坤和毛新志对转基因食品标识、信息政策进行了跨文化的研究和探讨。④ 王迁研究了美国转基因食品管制制度。⑤ 毛新志则分析了英国转基因食品的公共政策，从转基因食品的管理机构、基本理念与总的方针、安全评价的标准、标识政策和商业化进程对英国转基因食品的公共政策进行了分析，并从文化传统、风险的解释和社会接纳、风险的评价与管理等方面对政策的原因进行探讨。⑥ 冯巍也分析了英国转基因食品的公共政策，特别是标识政策和商业政策，对其公共政策的动因进行深入剖析，以期为我国转基因食品公共政策的制定提供参考和借鉴。⑦ 而宋锡祥从美欧在转基因食品不同态度着手，系统阐述和探讨欧盟及国内的转基因食品立法及其最新发展并进行比较和分析。还有一些学者专门对我国转基

---

　　① Loureiro, M. L. and S. Hine, "Preferences and willingness to pay for GM labeling policies", *Food Policy*, Vol. 29, No. 5, 2004.

　　② 袁军、宋林：《对转基因食品的安全性及相关管理的思考》，《环境保护》2001年第3期。

　　③ 胡品洁、杨昌举：《转基因食品标识、信息政策差异的影响因素分析》，《南方经济》2002年第2期。

　　④ 殷正坤、毛新志：《转基因食品标识、信息政策的跨文化浅析》，《科技管理研究》2003年第6期。

　　⑤ 王迁：《美国转基因食品管制制度研究》，《东南亚研究》2006年第2期。

　　⑥ 毛新志：《浅析英国转基因食品的公共政策》，《科技管理研究》2007年第5期。

　　⑦ 冯巍：《英国转基因食品的公共政策研究》，硕士学位论文，武汉理工大学，2008年。

因食品的发展现状、安全管理、制度变迁及其相关对策进行了研究。① 例如王永佳等以我国转基因食品安全管理制度的变迁作为研究的切入点,从制度经济学、博弈论和历史唯物主义三个视角对转基因食品安全管理制度的演进原因及变迁所取得的成效进行了分析,并提出要进一步完善我国转基因食品标识、信息政策的具体策略必须从充分发挥市场资源配置机制、利益驱动机制、实行听证会制度等方面着手。② 另外,李建科还从我国转基因食品终端产品市场监管层面展开研究。③

在这个方面的研究中,有关转基因食品的标识或标签管理的研究占了不小的比重,并且还存在着很多的争论。目前各国对转基因食品一般采取"自愿标识"和"强制标识"两种标签管制方式,每种制度都有支持的理由,因此很多研究围绕应该采用自愿标识还是强制标识展开讨论,还未取得一致的意见。耿向平应用消费者拟线性效用函数模型,深入讨论强制标识管制方式对消费者福利的影响。通过对现有两种标签管制方式的比较分析,确定了各种标签管制方式实施的条件与影响。研究结果表明,在我国现有条件下,只要检测成本不高到难以承受的地步,对转基因食品应采取强制标识管制方式。④ 侯守礼和顾海英⑤以及侯守礼⑥则分析了在每种制度下,转基因食品厂商有无机会主义行为两种条件下,消费者对于转

---

① 宋锡祥:《欧盟转基因食品立法规制及其对我国的借鉴意义》,《上海大学学报(社会科学版)》2008 年第 1 期。

② 王永佳、连丽霞、王磊:《我国转基因食品安全管理制度变迁分析》,《中国农业科技导报》2008 年第 4 期。

③ 李建科:《我国转基因食品终端产品市场监管现状及对策研究》,硕士学位论文,浙江大学,2008 年。

④ 耿向平:《转基因食品标签管制方式的经济学分析》,《经济经纬》2004 年第 5 期。

⑤ 侯守礼、顾海英:《转基因食品标签管制与消费者的知情选择权》,《科学学研究》2005 年第 4 期。

⑥ 侯守礼:《转基因食品是否加贴标签对消费者福利的影响》,《数量经济技术经济研究》2005 年第 2 期。

基因食品的消费行为。通过消费者行为变化，讨论不同条件对消费者福利的影响。该研究指出，虽然在厂商没有机会主义行为时自愿标识制度最优，然而现实中很难避免厂商的机会主义行为。前面几个学者的研究都是从经济学角度展开的，而毛新志和殷正坤[①]、朱文华和毛新志则从伦理学的角度为转基因食品的标识管理做了伦理辩护，特别是后者从尊重消费者的知情选择权、文化传统、价值观念以及维护消费者的健康权出发，强调了转基因食品标识管理的伦理责任。[②] 另外，刘旭霞从法律的角度对美、欧、日转基因食品标签立法进行比较研究，并讨论如何完善我国转基因食品标签立法等问题。[③] 有趣的是，毛新志[④]还就转基因食品能否实行自愿标识制度与侯守礼、顾海英[⑤]进行了学术上的争论，只不过前者的研究侧重于伦理学角度的分析而后者的研究则是基于经济学角度的分析。

　　通过以上的文献评述可以看出，尽管学术界就转基因食品已经展开了很多的研究，但是总的来看，大多数的研究都是从某一个角度展开的，考虑了转基因食品的生产、消费、政府管理等各个微观层面。一方面，转基因食品的监管及其政策设计需要考虑到转基因食品生产者、消费者、监管部门等多个利益主体，因此必须借助系统科学的思想并建立一个系统的分析框架，并综合利用经济学、统计学等多个学科理论。另一方面，从当前的研究方法和研究工具来看也是很不足的，例如多数消费者维度的研究仅采用简单的面谈、问卷调查或电话调查方法，很少利用经济学理论进行计量分析，而

---

① 毛新志、殷正坤：《转基因食品的标签与知情选择的伦理分析》，《科学学研究》2004 年第 1 期。

② 朱文华、毛新志：《转基因食品标识管理的伦理辩护》，《武汉理工大学学报（社会科学版）》2008 年第 5 期。

③ 刘旭霞、李洁瑜、朱鹏：《美欧日转基因食品监管法律制度分析及启示》，《华中农业大学学报（社会科学版）》2010 年第 2 期。

④ 毛新志、张利平：《公众参与转基因食品评价的条件、模式和流程》，《中国科技论坛》2008 年第 5 期。

⑤ 侯守礼、王威、顾海英：《消费者对转基因食品的意愿支付：来自上海的经验证据》，《农业技术经济》2004 年第 4 期。

本书拟采用实验经济学方法对转基因食品标识、信息政策进行研究。

本书试图在国内外相关研究的基础上，借鉴系统科学、管理科学和经济科学等理论，结合转基因食品产业的特性，从消费者入手，建立转基因食品监管的博弈模型，系统分析转基因食品监管部门、生产者、消费者三个利益主体的博弈关系。运用实验经济学研究方法，分析消费者的真实行为，并探索有利于保护我国消费者的转基因食品标识、信息政策。

五　需要进一步研究的问题

转基因食品的监管政策，必须建立在实证分析消费者在不同转基因食品标识、信息政策下福利变化的基础上。经济学的分析方法（包括已经被使用的各种经济计量模型、经济评价模型，还包括各种显示消费者偏好的方法），尤其是实验经济学的研究方法，是实证分析各利益主体行为的良好工具。新古典经济学理论假设消费者对于产品的偏好满足完备性、自返性、传递性、连续性等假设，这意味着可以为消费者找到一个符合经典定义的效用函数，这就是显示偏好的一般公理。[1] 同时还要假设消费者总是在其预算约束下选择能够满足让他效用最大化的商品或服务组合。但是效用最大化的整个假设体系却总是被个体消费者行为的研究所否定。[2] 这样的研究使人们思考：消费者的实际消费行为是怎样的？哪些消费者的行为，或者说在哪些条件下的消费者行为符合效用最大化假设？具备什么特征的或者说在什么条件下消费者的行为才符合经典理论的预测？不同类型的消费者在社会经济特征方面有什么差异？对于那些

---

① Geoffrey A. Jehle, Philip J. Reny, *Advanced Microeconomic Theory*, Columbia, 2001.

② Blundell, Pashardes and Weber, "What do we learn about consumer demand patterns from micro data", *American Economic Review*, Vol. 83, No. 3, 2004.

与经典理论预测不一致的消费者，他们的消费行为又依从于什么策略？菲利普（Philippe）使用实验数据研究了法国一个中等城市的消费者行为，发现有大约 29% 的消费者与传统经济学偏好理论的预测不一致，性别、家庭规模、所消费的产品以及实验花费的时间对这些不一致行为有着明显的影响。[①]类似的实验已经进行了许多，但是距离深入理解消费行为还有很远的距离，因为不同的产品性质对于消费者行为具有很大的影响。

一方面，转基因食品的消费者行为引起了人们的广泛兴趣。但是，国内外大多数研究都还是所谓的陈述偏好方法（Stated Preference Approach）。所谓陈述偏好是指，在没有实际的市场交易行为可供观察的情况下，通过问卷的方式询问受访者在假设性市场会如何选择。[②]尽管这种方法具有一定的优势，但是最大的问题就在于它是通过问卷的形式，要求消费者在某种假设的情况下做出选择。无论调查问卷设计得多么完善，也无法和真实的市场相比较，消费者的答案往往与真实消费行为是不一致的。比如问卷中消费者往往会忽略自己的预算约束和替代品的存在，这样就使他们做出的回答会和实际购买行为产生一个偏差。为了弥补上述缺陷，本书将采用实验经济学的方法模拟真实市场的交易环境来得到消费者的真实消费行为数据。

另一方面，关于量化消费者支付意愿的研究中，大部分涉及了消费者的个人特征、风险意识、对转基因食品的认知水平等因素，而很少涉及政策因素。本书将是否标识和是否宣传作为两个政策变量加入消费者支付意愿的量化测度模型中，试图通过实验经济学的方法模拟强制标识和宣传转基因食品、强制标识和不宣传转基因食

①　Philippe Fevrier and Michael, "A study of consumer behavior using laboratory data", *Experimental Economics*, Vol. 93, No. 7, 2004.

②　Chen, H. and W. S. Chern, "Consumer Acceptance of Genetically Modified Foods", *Paper prepared for American Agricultural Economics Association* 2002 *Annual Meeting*, Long Beach, California, Vol. 7, 2002.

品、自愿标识和宣传转基因食品、自愿标识和不宣传转基因食品四个维度的转基因食品标识、信息政策环境来测度消费者在这四种转基因食品标识、信息政策下的真实市场消费行为。从而分析不同的转基因食品标识、信息政策环境下消费者福利的变化，探索有利于保护我国消费者利益的转基因食品标识、信息政策。

实验经济学方法或许能为这一问题提供良好办法。最近一段时间国外有些研究者利用实验的方法研究消费者行为，例如美国衣阿华州立大学的文·S. 车恩，艾奥瓦州立大学的哈夫曼、罗苏[①]等人。已经取得了一定的研究成果，例如文·S. 车恩对转基因食品支付的研究，[②] 哈夫曼的研究范围更宽广，已经研究了信息在消费者购买转基因食品决策中的地位；向消费者提供不同信息的效果与如何衡量这些信息的价值；消费者对待转基因食品标签制度的态度和偏好。[③] 这些研究成果都为本书的研究提供了很好的借鉴。

任何一个有效的监管政策，必须得到制度的参与人共同遵循，该政策才能得到良好的运行。因此，需要讨论监管政策如何被制定出来，监管政策具有什么效果，如何从低效率的监管政策向有效率的监管政策演进等问题。福利经济学和公共选择理论统称为理性人模型，他们的相同之处是建立在完全"理性人"基础上的，不同之处在于福利经济学不仅要求单个的经济人具有高度的理性，而且要求作为政策制定者的政府也具有类似的理性程度；而公共选择理论则反对政府也具有任何理性，而坚持在个人主义基础上的选择理

---

① Rousu, M., W. Huffman, J. F. Shogren and A. Tegene, "The Value of Verifiable Information in a Controversial Market: Evidence from Lab Auctions of Genetically Modified Food", *Working Paper of Department of Economics*, Iowa State University, Vol. 2, 2002.

② Chern, W. S. et al., "Consumer Acceptance and Willingness to Pay for Genetically Modified Vegetable Oil and Salmon: A Multiple - country Assessment", *Agriculture Bioscience Forum*, Vol. 5, No. 3, 2002.

③ Huffman W., Rousu M, Shogren J. F. et al., "The effects of prior beliefs and learning on consumers acceptance of genetically modified foods", *American Journal of Agricultural Economics*, Vol. 63, No. 6, 2007.

性。比较而言，福利经济学采取了规范的方法，从"公共利益"的含义上提出某种社会"应该"达到的福利目标，从而为评价经济政策提供了良好的参照系；而公共选择理论采取了实证方法，通过完全实证地描述不同利益主体如何按照不同的程序规则做出整体性的决策，从而为分析政策决策过程提供了良好的方法。

小　结

　　有关转基因食品的研究主要有以下几个方面：一是消费者维度的研究，这构成了转基因食品研究文献的一个很大的比例；二是对生产者维度的研究，一些研究从生产者生产转基因食品引起福利变化的角度对转基因食品进行分析；三是转基因食品的政府管制及其制度、立法设计方面的研究，特别是很多的研究就转基因食品的标识制度展开多层面的学术讨论。本章分别从以上几个方面对相关的理论研究进行了归纳和评述，认为转基因食品的监管及其政策设计需要考虑到转基因食品生产者、消费者、监管部门等多个利益主体，因此必须借助系统科学的思想并建立一个系统的分析框架。下一章将会运用博弈论的知识系统分析转基因食品监管部门、生产者、消费者三个利益主体的博弈关系。

第三章　转基因食品标识与信息政策的博弈分析:基于监管部门和生产者的视角

转基因食品目前所具有的风险不确定性和信息不对称性特征,决定了转基因食品作为一项科学新产物在给人类带来不少恩惠的同时,也带来潜在的危害与风险。在转基因食品产业链中主要存在生产者、消费者和监管部门三个利益主体。消费者无法从外观上辨别出转基因食品,由于转基因食品的生产成本较低,因此了解转基因食品信息的生产者和经销商可能使用转基因食品冒充非转基因食品而获取超额利润。这就需要转基因食品监管部门对转基因食品生产者进行监管,但是监管部门的监管是有成本的。这样转基因食品生产者与监管部门之间就存在博弈关系,而消费者处于信息劣势地位,消费者的利益将取决于监管部门对生产者的监管。

一　转基因食品的特征

目前应用的转基因技术大部分是在作物的染色体中插入某一种或几种带有特殊性状的片段,从而使得原作物拥有抗虫、抗旱等特殊的性状,但是转基因作物的外观和味道却和非转基因作物没有差别。① 因此，转基因食品具有信息不对称的特性，一般消费者无法从外观和味道上来辨别转基因食品和非转基因食品。而且，当转基因作物被加工成转基因食品后，消费者就更加难以辨别出食品中是否含有转基因成分。另外，目前为止的科学进展，并不能否定转基因食品长期中风险的存在，② 即使消费者知道食品中含有转基因成分也不知道转基因成分会对他本身产生多大的影响。因此在转基因食品生产流通的各个环节都存在信息不对称问题。各理性的利益主体都追求自身的效用最大化，其中转基因食品生产者追求利润最大化，转基因食品监管部门追求社会收益最大化，而消费者则处于明显的劣势地位，其利益很大程度上取决于转基因食品监管部门对转基因食品生产者的监管，但监管部门的监管行为是有成本的。因此，转基因食品监管部门和转基因食品生产者之间存在博弈关系，他们的策略选择决定了市场的均衡。

　　本章运用博弈论的知识分析了转基因食品生产者和转基因食品监管部门在信息不对称下相互制约、相互影响的博弈关系，并对信息不对称下的静态博弈、动态博弈和演化博弈问题分别进行研究，认为转基因食品监管部门对转基因食品生产者的监管非常重要。

二　转基因食品监管部门与转基因
食品生产者的静态博弈

　　静态博弈是指，在博弈中参与人同时选择或虽非同时选择但后行动者并不知道先行动者采取了什么具体行动。③ 所以，转基因食

---

　　① Martha Augoustinos, Shona Crabb and Richard Shepherd, "Genetically modified food in the news: media representations of the GM debate in the UK", *Public Understanding of Science*, Vol. 98, No. 19, 2010.

　　② MaryJane K. Selgrade, Christal C. Bowman, Gregory S. Ladics, "Safety Assessment of Biotechnology Products for Potential Risk of Food Allergy: Implications of New Research", *Toxicol Science*, Vol. 110, No. 31, 2009.

　　③ 张维迎：《博弈论与信息经济学》，上海人民出版社 2003 年版，第 7 页。

品监管部门与生产者之间的博弈就构成了一个完全信息静态博弈模型。

（一）模型假设

假设1：转基因食品监管部门运用行政、法律等手段监管转基因食品生产者不加标签等行为的成本为 C_1（$C_1 > 0$），概率为 P_1（$0 \leq P_1 \leq 1$）；

假设2：若转基因食品生产者认识到转基因食品的特殊性，主动向消费者宣传转基因产品的特性并主动对食品中转基因成分标识，为此付出成本为 C_2（$C_2 > 0$），概率为 P_2（$0 \leq P_2 \leq 1$），其得到的声誉为 R_1；[①]

假设3：若企业对转基因食品消费者不负责任，不对食品中的转基因成分标识甚至用转基因食品来假冒非转基因食品，将获得超额利润 R_2，与此同时，如果被转基因监管部门发现将承担 C_3 的罚金，监管部门则获得收入 αC_3（$0 < \alpha < 1$）；如果没有被监管部门发现，则从长期看，消费者由于对企业的不信任，将转而消费不含有转基因成分的替代品，并且企业的社会形象受到严重损失，这部分损失为 C_4，假设（$C_4 > C_3$）。

则转基因食品监管部门与转基因食品生产者之间的博弈矩阵如表3—1所示。

表3—1   转基因食品监管部门与转基因食品生产者的博弈矩阵

生产者 ＼ 监管部门	P_1	$1 - P_1$
P_2	$R_1 - C_2$，$-C_1$	$R_1 - C_2$，0
$1 - P_2$	$R_2 - C_3$，$\alpha C_3 - C_1$	$R_2 - C_4$，0

---

① 李艳波、刘松先：《信息不对称下政府主管部门与食品行业的博弈分析》，《中国管理科学》2006年第14期。

（二）模型分析

求解博弈模型，对于生产者：

由 $P_1(R_1 - C_2) + (1 - P_1)(R_1 - C_2) = P_1(R_2 - C_3) + (1 - P_1)(R_2 - C_4)$ 得

$$P_1 = \frac{R_1 - R_2 + C_4 - C_2}{C_4 - C_3} \tag{3—1}$$

对于监管部门：

由 $-P_2 C_1 + (1 - P_2)(\alpha C_3 - C_1) = 0$ 得

$$P_2 = 1 - \frac{C_1}{\alpha C_3} \tag{3—2}$$

联立式（3—1）和式（3—2）可得

$$P_2 = 1 - \frac{C_1}{\alpha\left(C_4 + \dfrac{R_2 - R_1 + C_2 - C_4}{P_1}\right)} \tag{3—3}$$

$0 \leqslant P_1 \leqslant 1$，$C_4 > C_3$，$P_1 = \dfrac{R_1 - R_2 + C_4 - C_2}{C_4 - C_3}$

得到 $R_1 - R_2 + C_4 - C_2 \geqslant 0$，所以 $R_2 - R_1 + C_2 - C_4 \leqslant 0$

因此，在式（3—3）中，当 P_1 增大时，P_2 也增大；所以说 P_2 是 P_1 的单调增函数。

由式（3—2）可以看出，转基因食品生产者重视转基因食品的宣传，自觉加贴食品中转基因成分标签的概率 P_2，随着 C_1 的增大而减小，随着 α 和 C_3 的增大而增大。这说明，转基因监管部门的监管成本 C_1 越小，对违规转基因食品生产者的惩罚力度 C_3 越大，则转基因食品生产者越有可能重视转基因食品的宣传和自觉加贴食品中的转基因成分标签。

由式（3—3）可以看出，P_2 是 P_1 的增函数。因此，转基因食品生产者重视转基因食品的宣传，自觉加贴食品中转基因成分标签的概率 P_2 随着转基因食品监管部门的监管力度 P_1 的增大而增大。因此，在静态博弈模型下，只有相关监管部门加强对转基因食品生产者的监管，才能使转基因食品生产者主动宣传转基因食品，自觉加贴转基因食品标签的概率提高。

三　转基因食品监管部门与转基因
食品生产者的动态博弈

　　动态博弈是指参与人的行动有先后顺序，且后行动者在自己行动之前能够观测到先行动者的行动。根据博弈参与人对其他参与人的策略空间、收益函数等信息了解的不准确性，博弈有先后次序并重复进行的原则。[①] 因此，转基因食品监管部门和转基因食品生产者之间的博弈构成不完全信息动态博弈问题。

（一）模型假设

　　假设1：转基因食品监管部门运用行政、法律等手段监管转基因食品生产者不加标签等行为的成本为 C_1（$C_1 > 0$），概率为 P_1（$0 \leqslant P_1 \leqslant 1$）；

　　假设2：若转基因食品生产者认识到转基因食品的特殊性，主动向消费者宣传转基因食品的特性并主动对食品的转基因成分予以标识，为此付出成本为 C_2（$C_2 > 0$），概率为 P_2（$0 \leqslant P_2 \leqslant 1$），其得到的声誉为 R_1；若企业对转基因食品消费者不负责任，不对食品中的转基因食品标识甚至用转基因食品来假冒非转基因食品，将获得超额利润 R_2，与此同时，如果被转基因监管部门发现将承担 C_3 的罚金；

　　假设3：在转基因食品监管部门滥用职权（概率为 P_3，$0 \leqslant P_3 \leqslant 1$）的情况下，若企业对转基因食品消费者不负责任，不对食品中的转基因食品标识甚至用转基因食品来假冒非转基因食品，但是又为了避免受到处罚，于是向主管部门行贿 αC_3，（$0 < \alpha < 1$），监管部门则获得收入 αC_3，行贿的概率为 P_4，若企业对转基因食品消费者不负责任，不对食品中的转基因食品标识甚至用转基因食品来

---

　　① 　张维迎：《博弈论与信息经济学》，上海人民出版社2003年版，第7页。

假冒非转基因食品，又不行贿，则监管部门滥用职权收取转基因食品生产者处罚金为 βC_3，$(\beta > 1)$；[①]

假设 4：在转基因食品监管部门不滥用职权的情况下，监管部门将行贿金 αC_3 和罚款 C_3 主动上交国库，则政府给予转基因食品监管部门适当的激励 k $(\alpha C_3 + C_3)$，$(0 < k < 1)$；

假设 5：若转基因食品监管部门不去监督检查，转基因食品生产者也对转基因食品消费者不负责任，不对食品中的转基因食品标识甚至用转基因食品来假冒非转基因食品，则从长期看，消费者由于对企业的不信任，将转而消费不含有转基因成分的替代品，并且企业的社会形象受到严重损失，这部分成本为 C_4 假设 $(C_4 > C_3)$。

则转基因食品监管部门和转基因食品生产者之间的博弈树如图 3—1 所示。

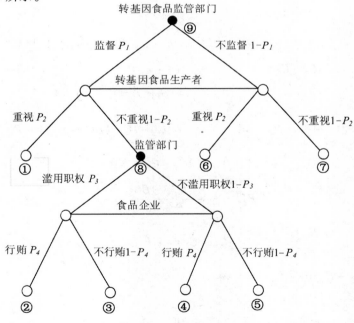

图 3—1　转基因食品监管部门与转基因食品生产者的博弈树

---

①　McCluskey J. , Wahal T. , "Reacting to GM Foods Consumer Response in Asia and Europe", *Highlights College of Agriculture and Home Economics*, Vol. 32 , No. 15 , 2003.

图 3—1 博弈树中各节点的收益为：

① $(-C_1,\ R_1-C_2)$；② $(-C_1+\alpha C_3,\ -\alpha C_3-C_4)$；③ $(-C_1+\beta C_3,\ -\beta C_3)$；④ $(-C_1+k(\alpha C_3+C_3),\ -\alpha C_3-C_3)$；⑤ $(-C_1+kC_3,\ -C_3)$；⑥ $(0,\ R_1-C_2)$；⑦ $(0,\ R_2-C_4)$；⑧ $(E_{11},\ E_{12})$；⑨ $(E_{21},\ E_{22})$。

（二）模型分析

求动态博弈问题的纳什均衡：

采用逆向回归法求此动态博弈问题的均衡解。首先计算⑧的期望值：

$$E_{11}=P_3P_4\ (-C_1+\alpha C_3)\ +P_3\ (1-P_4)\ (-C_1+\beta C_3)\ +P_4(1-P_3)\ [kC_3\ (\alpha+1)\ -C_1]\ +\ (1-P_3)\ (1-P_4)\ (kC_3-C_1) \tag{3—4}$$

$$E_{12}=P_3P_4\ (-\alpha C_3-C_4)\ +P_3\ (1-P_4)\ (-\beta C_3)\ +P_4\ (1-P_3)\ (-\alpha C_3-C_3)\ +\ (1-P_3)\ (1-P_4)\ (-C_3) \tag{3—5}$$

解式（3—4）、式（3—5）的纳什均衡：

由 $\dfrac{\partial E_{11}}{\partial P_3}=P_4\ (\alpha C_3-C_1)\ +\ (1-P_4)\ (\beta C_3-C_1)\ -P_4\ [kC_3(\alpha+1)\ -C_1]\ -\ (1-P_4)\ (kC_3-C_1)\ =0$ 得

$$P_4^*\ =\ \frac{kC_3-\beta C_3}{(\alpha-\beta+k\alpha)\,C_3-k} \tag{3—6}$$

由 $\dfrac{\partial E_{12}}{\partial P_4}=P_3\ (-\alpha C_3-C_4)\ +P_3\beta C_3+\ (1-P_3)\ (-\alpha C_3-C_3)\ +C_3\ (1-P_3)\ =0$ 得

$$P_3^*\ =\ \frac{\alpha C_3}{\beta C_3-C_4} \tag{3—7}$$

将 P_4^* 和 P_3^* 代入式（3—4）和式（3—5），得到 E_{11}^* 和 E_{12}^*。

下面算节点⑨的期望值：

$$E_{21}=P_1P_2\ (-C_1)\ +P_1\ (1-P_2)\ E_{11}^*$$

$$E_{22} = P_1 P_2 (R_1 - C_2) + P_1 (1 - P_2) E_{12}^* + P_2 (1 - P_1) (R_1 - C_2) + (1 - P_1)(1 - P_2)(R_2 - C_4)$$

由 $\dfrac{\partial E_{21}}{\partial P_1} = -C_2 P_2 + E_{11}^* - P_2 E_{11}^* = 0$ 得

$$P_2 = \frac{E_{11}^*}{C_2 - E_{11}^*} \qquad (3-8)$$

由 $\dfrac{\partial E_{22}}{\partial P_2} = P_1 (R_1 - C_2) - P_1 E_{12}^* + (1 - P_1)(R_1 - C_2) - (1 - P_1)(R_2 - C_4) = 0$ 得

$$P_1 = \frac{R_2 - R_1 + C_2 - C_4}{R_2 - E_{12}^* - C_4} \qquad (3-9)$$

由式（3—9）得 $C_2 = P_1 (R_2 - E_{12}^* - C_4) - R_2 + R_1 + C_4$

将 C_2 代入 P_2 得

$$P_2 = \frac{E_{11}^*}{E_{11}^* + P_1 (R_2 - E_{12}^* - C_4) - R_2 + R_1 + C_4}$$

$$(3-10)$$

在式（3—9）中，由于 $0 \leqslant P_1 \leqslant 1$，所以，$0 \leqslant \dfrac{R_2 - R_1 + C_2 - C_4}{R_2 - E_{12}^* - C_4} \leqslant 1$。

由于（$R_1 - C_2$）是转基因食品生产企业认识到转基因产品的特殊性，主动向消费者宣传转基因产品的特性并主动对食品的转基因成分予以标识情况下的收益；而（$R_2 - C_4$）是转基因食品生产企业对转基因食品消费者不负责任，不对食品中的转基因食品加标识甚至用转基因食品来假冒非转基因食品且躲过相关监管部门监管的收益。从长期看，消费者由于对企业的不信任，将转而消费不含有转基因成分的替代品，并且企业的社会形象受到严重损失，所以 $R_1 - C_2 > R_2 - C_4$。因此 $R_2 - R_1 + C_2 - C_4 < 0$，由式（3—9）可得（$R_2 - E_{12}^{*} - C_4$）$\leqslant 0$，因此式（3—10）中 P_2 是 P_1 的增函数，随着 P_1 的增大，P_2 也随之增大。

由式（3—8）可知，转基因食品生产者重视转基因食品的宣传，自觉加贴食品中转基因成分标签的概率 P_2，随着 C_2 的增大而减小。这说明，转基因食品生产者向消费者宣传转基因产品的特性并主动对食品中的转基因成分予以标识的成本 C_2 越低，则转基因食品生产者越有可能重视转基因食品的宣传和自觉加贴食品中的转基因成分标签；反之，转基因食品生产者越有可能对转基因食品消费者不负责任，不对食品中的转基因成分标识甚至用转基因食品来假冒非转基因食品。

由式（3—10）可以看出，P_2 是 P_1 的增函数。因此，转基因食品生产者重视转基因食品的宣传，自觉加贴食品中转基因成分标签的概率 P_2 随着转基因食品监管部门的监管力度 P_1 的增大而增大。因此，在动态博弈模型下，转基因食品监管部门加强对转基因食品生产者的监管能够加大转基因食品生产者主动宣传转基因食品，自觉加贴转基因食品标签的概率。

（三）模型结论

综上，无论转基因食品监管部门和转基因食品生产者之间是完全信息静态博弈模型还是不完全信息动态博弈，得出的结论是一致的：转基因食品生产者重视转基因食品的宣传，自觉加贴食品中转基因成分标签的概率 P_2 随着转基因食品监管部门的监管力度 P_1 的增大而增大；转基因食品生产者对转基因食品消费者不负责任，不对食品中的转基因成分标识，甚至用转基因食品来假冒非转基因食品的概率（$1 - P_2$）随着转基因食品监管部门的监管力度 P_1 的减小而增大。因此，为了使转基因食品生产者主动宣传转基因食品，自觉加贴转基因食品标签，避免转基因食品生产者对转基因食品消费者不负责任，不对食品中的转基因食品标识甚至用转基因食品来假冒非转基因食品，转基因食品相关监管部门应该制定合适的转基因食品信息政策和标识政策，对转基因食品生产者进行监管，保护消费者的利益。

四　转基因食品监管部门与转基因
食品生产者的演化博弈

由于现实中的博弈决策者是完全理性的概率可能不大，因此，将演化博弈引入转基因食品监管中，假设转基因食品生产企业和监管部门都是有限理性，研究转基因食品监管问题。由于转基因食品生产企业和转基因食品监管部门是一对策略互动主体，它们是在互相研究对方的策略后做出最佳反应决策，由于有限理性条件下的短视行为，其策略反应是一种不断调整的动态过程，而演化博弈正是关注博弈决策的动态调整过程，并找出现实性较强的多个纳什均衡，再从中分析可以长期持续的进化稳定策略。①

（一）模型假设

转基因食品生产企业为了追求自身的利益最大化，不会主动加强转基因食品的宣传，标识食品中转基因成分，这需要相关监管部门的介入以保证转基因食品产业的健康发展，而转基因食品监管部门的监管是有成本的。转基因食品生产企业和转基因食品监管部门的策略选择决定了转基因食品市场的均衡。

假设1：转基因食品监管部门运用行政、法律等手段监督转基因食品企业不标识等行为的成本为 C_1（$C_1 > 0$），概率为 P_1（$0 \leqslant P_1 \leqslant 1$）；

假设2：若转基因食品生产企业认识到转基因产品的特殊性，主动向消费者宣传转基因产品的特性并主动对食品的转基因成分予以标识，为此付出成本为 C_2（$C_2 > 0$），概率为 P_2（$0 \leqslant P_2 \leqslant 1$）；

假设3：若转基因食品生产企业对消费者不负责任，不对食品

---

① Taylor, P. D. and L. B. Jonker, "Evolutionarily Stable Strategy and Game Dynamics", *Math Bioscience*, Vol. 40, No. 1, 1978.

中的转基因食品标识甚至用转基因食品来假冒非转基因食品，将获得超额利润 R，与此同时，如果被转基因监管部门发现将承担 C_3 的罚金（$C_3 > R$），监管部门则获得收入 αC_3（$0 < \alpha < 1$；$\alpha C_3 > C_1$）。[①]

则转基因食品生产企业与转基因食品监管部门之间的收益矩阵如表 3—2 所示。

表 3—2　　转基因食品生产企业与转基因食品监管部门的收益矩阵

监管部门 / 生产企业	P_1	$1 - P_1$
P_2	$-C_2$，$-C_1$	$-C_2$，0
$1 - P_2$	$R - C_3$，$\alpha C_3 - C_1$	R，0

（二）模型分析

1. 转基因食品生产企业的策略演化

对于转基因食品生产企业来说，选择加贴转基因食品标识的收益为：

$$\pi_1 = -C_2 P_1 - C_2（1 - P_1）= -C_2$$

选择不加贴转基因食品标识的收益为：

$$\pi_2 =（R - C_3）P_1 + R（1 - P_1）= R - P_1 C_3$$

所以，转基因食品生产企业的期望收益为：

$$\pi = P_2 \pi_1 +（1 - P_2）\pi_2 = -C_2 P_2 +（1 - P_2）（R - P_1 C_3）$$

把复制动态方程用于转基因食品生产企业，可以得到转基因食品生产企业选择加贴标识的比例变化率为：

$$F（p_2）= dp_2/dt = P_2（\pi_1 - \pi）= P_2（1 - P_2）（P_1 C_3 - C_2 - R） \tag{3—11}$$

令 $F（p_2）= 0$，可得 $P_2^* = 0$，或 $P_2^* = 0$，或 $P_1^* =（C_2 + R）/C_3$

————

① 李艳波、刘松先：《信息不对称下政府主管部门与食品行业的博弈分析》，《中国管理科学》2006 年第 14 期。

根据微分方程的稳定性定理及演化稳定策略的性质，当 $F(p_2^*)<0$ 时，P_2^* 为演化稳定策略。[①]

（1）当 $P_1^*=(C_2+R)/C_3$ 时，$F(p_2)$ 始终为0，即转基因食品监管部门的监管概率为 P_1^* 时，转基因食品生产企业无论是否主动加贴转基因食品标识其初始比例都是稳定的。

（2）当 $P_1>P_1^*$ 时，区间（0，1）始终有 $F(y)>0$，因此复制动态方程式（3—11）有两个平衡点，即 $P_2^*=0$，$P_2^*=1$，则 $F'(0)>0$，$F'(1)<0$。即当 $P_1>P_1^*$ 时，$P_2^*=1$ 是全局唯一的演化稳定策略（ESS）。即转基因食品生产企业与监管部门良性互动，转基因食品生产企业主动加贴转基因食品标识，逐步达到帕累托最优状态。

（3）当 $P_1<P_1^*$ 时，区间（0，1）始终有 $F(y)<0$，因此复制动态方程式（3—11）有两个平衡点，即 $P_2^*=0$，$P_2^*=1$，则 $F'(0)<0$，$F'(1)>0$。即当 $P_1<P_1^*$ 时，$P_2^*=0$ 是全局唯一的演化稳定策略（ESS）。即转基因食品监管部门监管力度较小时，转基因食品生产企业不会主动加贴转基因食品标识，这对转基因食品产业的发展是不利的。

图3—2显示了上述3种情况的动态趋势演化及稳定性。

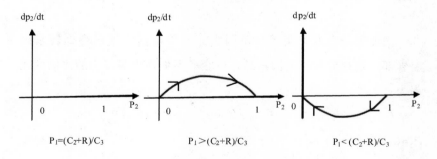

图3—2　转基因食品生产企业动态相位图

① 谢识予：《经济博弈论》，复旦大学出版社2003年版，第253页。

由图 3—2 可知，对于转基因食品生产企业来说，当 P_1 越大、P_1^* 越小时，$P_1 > P_1^*$ 的概率越大，达到 $P_2^* = 1$ 的全局唯一的演化稳定策略概率越大，即转基因食品生产企业与监管部门良性互动，转基因食品生产企业主动加贴转基因食品标识，逐步达到帕累托最优状态。P_1 越大，意味着转基因食品监管部门加强对转基因食品生产企业的监管力度；$P_1^* = (C_2 + R) / C_3$，C_2 和 R 固定不变，当 C_3 越大时，P_1^* 越小，意味着加大对转基因食品生产企业的惩罚力度增大了 $P_2^* = 1$ 是全局唯一演化稳定策略的概率。因此转基因食品企业加强对转基因食品部门的监管力度和惩罚力度能够加大动态博弈达到演化稳定的概率。

2. 转基因食品监管部门的策略演化

对于转基因食品监管部门来说，选择监督转基因食品企业不加标签等行为的收益为：

$$\pi_1' = - C_1 P_2 + (1 - P_2)(\alpha C_3 - C_1) = \alpha C_3 - C_1 - P_2 \alpha C_3$$

转基因食品监管部门选择不监管转基因食品不加标签等行为的收益为：

$$\pi_2' = 0$$

所以，转基因食品监管部门的期望收益为：

$$\pi' = P_1 \pi_1' + (1 - P_1) \pi_2'$$

把复制动态方程用于转基因食品监管部门，可以得到转基因监管部门选择监管转基因食品生产企业不加标识等行为的比例变化率为：

$$G(p_1) = dp_1/dt = P_1(\pi_1' - \pi) = P_1(1 - P_1)(\alpha C_3 - C_1 - P_2 \alpha C_3) \tag{3—12}$$

令 $G(p_1) = 0$，可得 $P_1^* = 0$，或 $P_1^* = 0$，或 $P_2^* = 1 - C_1/\alpha C_3$。

根据微分方程的稳定性定理及演化稳定策略的性质，当 $G(p_1^*) < 0$ 时，P_1^* 为演化稳定策略。

（1）当 $P_2^* = 1 - C_1/\alpha C_3$ 时，$G(P_1^*)$ 始终为 0，即转基因食

品生产部门主动加贴转基因食品标识的概率为 P_2^* 时，转基因食品监管部门对转基因食品生产部门监管的初始比例都是稳定的。

（2）当 $P_2 > P_2^*$ 时，区间（0，1）始终有 $G(p_2) < 0$，因此复制动态方程式（3—12）有两个平衡点，即 $P_1^* = 0$，$P_1^* = 1$，则 $G'(0) < 0, G'(1) > 0$。即当 $P_2 > P_2^*$ 时，$P_1^* = 0$ 是全局唯一的演化稳定策略（ESS）。即转基因食品生产企业主动加贴转基因食品标识的概率较大时，政府相关监管部门对转基因食品企业的监控措施也流于形式而放弃监督，这将对社会产生极大的负面影响。

（3）当 $P_2 < P_2^*$ 时，区间（0，1）始终有 $G(p_2) > 0$，因此复制动态方程式（3—12）有两个平衡点，即 $P_1^* = 0$，$P_1^* = 1$，则 $G'(0) > 0, G'(1) < 0$。即当 $P_2 < P_2^*$ 时，$P_1^* = 1$ 是全局唯一的演化稳定策略（ESS）。即在较多的转基因食品生产企业对加贴转基因食品标识的重视程度不够时，转基因食品生产企业与转基因食品监管部门良性互动，政府监管部门将发挥其最大的监控作用，逐步达到帕累托最优状态。

图 3—3 显示了上述 3 种情况的动态趋势演化及稳定性。

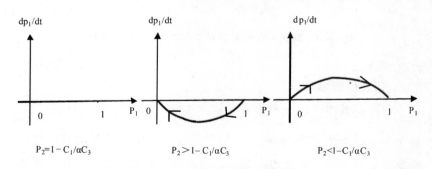

图 3—3　转基因食品监管部门动态相位图

对于转基因食品监管部门来说（见图 3—3），当 P_2^* 越大时，$P_2 < P_2^*$ 的概率越大，达到 $P_1^* = 1$ 是全局唯一的演化稳定策略概率越大，即政府监管部门将发挥其最大的监控作用，逐步达到帕累托最优状态。$P_2^* = 1 - C_1/\alpha C_3$，监管部门的监管成本 C_1 固定不变，

αC_3 越大则 P_2^* 越大，这意味着加大转基因食品监管部门的奖励力度增大了 $P_1^* = 1$ 是全局唯一演化稳定策略的概率。因此，加大转基因食品监管部门的奖励力度能够加大动态博弈达到演化稳定的概率。

　　在不同的情况下，将上述两个群体类型比例变化的复制动态关系和稳定性，在以两个比例为坐标的平面图上表示出来，如图3—4 所示。

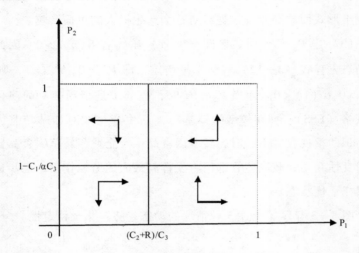

图3—4　转基因食品监管博弈的动态变化趋势坐标

（三）模型结论

　　对于转基因食品生产企业来说（见图3—2），当 P_1 越大、P_1^* 越小时，$P_1 > P_1^*$ 的概率越大，达到 $P_2^* = 1$ 是全局唯一的演化稳定策略概率越大，即转基因食品生产企业与监管部门良性互动，转基因食品生产企业主动加贴转基因食品标识，逐步达到帕累托最优状态。P_1 越大，意味着转基因食品监管部门加强对转基因食品生产企业的监管力度；$P_1^* = (C_2 + R) / C_3$，C_2 和 R 固定不变，当 C_3 越大时，P_1^* 越小，意味着加大对转基因食品生产企业的惩罚力度增大了 $P_2^* = 1$ 是全局唯一演化稳定策略的概率。

对于转基因食品监管部门来说，如图 3—3 所示，当 P_2^* 越大时，$P_2 < P_2^*$ 的概率越大，达到 $P_1^* = 1$ 是全局唯一的演化稳定策略概率越大，即政府监管部门将发挥其最大的监控作用，逐步达到帕累托最优状态。$P_2^* = 1 - C_1/\alpha C_3$，监管部门的监管成本 C_1 固定不变，αC_3 越大则 P_2^* 越大，这意味着加大转基因食品监管部门的奖励力度增大了 $P_1^* = 1$ 是全局唯一演化稳定策略的概率。

从以上分析可知，对于转基因食品生产企业，转基因食品监管部门对转基因食品生产企业的监管力度越大，惩罚力度越大，转基因食品生产企业与监管部门良性互动，转基因食品生产企业主动加贴转基因食品标识，逐步达到帕累托最优状态的概率越高；而对于转基因食品监管部门，对转基因食品监管部门的奖励力度越大，政府监管部门将发挥其最大的监控作用，逐步达到帕累托最优状态的概率越高。

鉴于我国人多地少的国情，发展转基因食品对我国具有重大意义，因此制定适合中国现有的环境和社会条件的转基因食品监管政策，让更多的中国消费者接受转基因食品，对转基因食品产业的发展尤为重要。根据研究的结果，加大对转基因食品企业的监管力度、惩罚力度和对转基因食品监管部门的奖励力度能够使转基因食品生产企业与监管部门良性互动，逐步达到帕累托最优状态。这样使得转基因食品生产企业主动加贴转基因食品标识，政府监管部门将发挥其最大的监控作用的概率增大，从而保证了转基因食品产业的健康发展。

五　转基因食品销售的演化博弈分析

由于现实中的博弈决策者完全理性的概率可能不大，因此，本书将演化博弈引入转基因食品市场中，假设转基因食品销售者和消费者都是有限理性的，研究转基因食品消费问题。由于转基因食品销售者和消费者是一对策略互动主体，他们是在互相研究对方的策略后做出最佳反应决策，由于有限理性条件下的短视行为，其策略反应是一种不断调整的动态过程，而泰勒（Taylor, P. D.）认为演化博弈正是关注博弈决策的动态调整过程，[①]并找出现实性较强的多个纳什均衡，再从中分析可以长期持续的进化稳定策略。

（一）模型假设

转基因食品消费中存在信息不对称，一是一般消费者无法从外观和味道上来辨别转基因食品和非转基因食品，当转基因作物被加工成转基因食品后，消费者就更加难以辨别出食品中是否含有转基因成分；二是即使消费者知道食品中含有转基因成分也不知道转基因成分会对他本身产生多大的影响。

假设1：各理性的利益主体都在转基因食品消费的博弈中追求自身的效用最大化，由于转基因技术使得食品的成本降低所以转基因食品的价格比传统食品低，均等的效用 M，销售者以较高价格卖出非转基因食品和较低价格卖出转基因食品获得相对均等的收益 N；

假设2：转基因食品销售者为了追求利益最大化，不对销售的转基因食品说明，用转基因食品冒充非转基因食品销售的概率为 $(1 - P_2)$ $(0 \leqslant P_2 \leqslant 1)$，获得超额收益 R，若消费者购买了该商品将损失 R；

假设3：转基因食品消费者购买市场上销售的转基因食品和非转基因食品的概率为 P_1 $(0 \leqslant P_1 \leqslant 1)$，若消费者认识到了转基因食品市场的不规范，转而消费其他替代品的概率为 $(1 - P_1)$，此时转基因食品销售者的收益和消费者的效用都为0；

假设4：转基因食品销售者不对食品中的转基因食品标识甚至用转基因食品来假冒非转基因食品，如果被转基因监管部门发现将

---

① Taylor, P. D. and L. B. Jonker, "Evolutionarily Stable Strategy and Game Dynamics", *Math Bioscience*, Vol. 40, No. 1, 1978.

承担 C 的罚金（$C > R$），概率为 α。[①]

则转基因食品销售者与消费者之间的收益矩阵如表 3—3 所示。

表 3—3　　　　　转基因食品销售者与消费者的收益矩阵

销售者 ＼ 消费者	P_1	$1 - P_1$
P_2	M , N	$0 , 0$
$1 - P_2$	$M + R - \alpha C , N - R$	$- \alpha C , 0$

（二）模型分析

1. 转基因食品销售商的策略演化

对于转基因食品销售商来说，真实标识转基因食品和非转基因食品的收益为：

$$\pi_1 = MP_1 + 0 (1 - P_1) = MP_1$$

选择不对销售的转基因食品标识，用转基因食品冒充非转基因食品的收益为：

$$\pi_2 = (M + R - \alpha C) P_1 - \alpha C (1 - P_1) = MP_1 + RP_1 - \alpha C$$

所以，转基因食品销售者的期望收益为：

$$\pi = P_2 \pi_1 + (1 - P_2) \pi_2 = MP_1 + (1 - P_2) (RP_1 - \alpha C)$$

把复制动态方程用于转基因食品销售者可以得到转基因食品销售者选择真实标识的比例变化率为：

$$F (p_2) = dp_2 / dt = P_2 (\pi_1 - \pi) = P_2 (1 - P_2) (\alpha C - RP_1)$$

$$(3—13)$$

令 $F (p_2) = 0$，可得 $P_2^* = 0$，或 $P_2^* = 1$，或 $P_1^* = \alpha C / R$，根据微分方程的稳定性定理及演化稳定策略的性质，当 $F (p_2^*) < 0$ 时，P_2^* 为演化稳定策略。

① 李艳波、刘松先：《信息不对称下政府主管部门与食品行业的博弈分析》，《中国管理科学》2006 年第 14 期。

（1）当 $P_1^* = \alpha C/R$ 时，$F(p_2)$ 始终为 0，即转基因食品消费者在转基因食品市场消费的概率为 P_1^* 时，转基因食品生产企业无论是否真实标识转基因食品的初始比例都是稳定的。

（2）当 $P_1 > P_1^*$ 时，区间（0，1）始终有 $F(p_2) < 0$，因此复制动态方程式（3—13）有两个平衡点，即 $P_2^* = 0$，$P_2^* = 1$，则 $F'(0) < 0, F'(1) > 0$。即当 $P_1 > P_1^*$ 时，$P_2^* = 0$ 是全局唯一的演化稳定策略（ESS）。即转基因食品消费者选择替代品的概率较小时，转基因食品销售者不对销售的转基因食品标识，用转基因食品冒充非转基因食品。这对转基因食品产业的发展是不利的。

（3）当 $P_1 < P_1^*$ 时，区间（0，1）始终有 $F(p_2) > 0$，因此复制动态方程式（3—13）有两个平衡点，即 $P_2^* = 0$，$P_2^* = 1$，则 $F'(0) > 0, F'(1) < 0$。即当 $P_1 < P_1^*$ 时，$P_2^* = 1$ 是全局唯一的演化稳定策略（ESS）。即转基因食品消费者选择替代品的概率较大时，即转基因食品销售者与消费者良性互动，转基因食品生产企业真实标识转基因食品，逐步达到帕累托最优状态。[①]

图 3—5 显示了上述 3 种情况的动态趋势演化及稳定性。

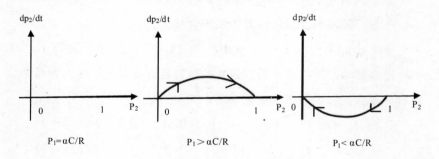

图 3—5　转基因食品销售者动态相位图

由图 3—5 可知，对于转基因食品销售者来说，当 P_1 越小、P_1^* 越大时，$P_1 < P_1^*$ 的概率越大，达到 $P_2^* = 1$ 是全局唯一的演化稳定策略概率越大，即转基因食品消费者选择替代品的概率较大时，转

---

① 谢识予：《经济博弈论》，复旦大学出版社 2003 年版，第 263—267 页。

基因食品销售者与消费者良性互动，转基因食品生产企业真实标识转基因食品，逐步达到帕累托最优状态。P_1 越小，意味着消费转基因食品的概率越小；$P_1^* = \alpha C/R$，R 固定不变，当 C 和 α 越大时，P_1^* 越大，意味着转基因食品销售者被惩罚的概率和强度大，能够增大 $P_2^* = 1$ 是全局唯一演化稳定策略的概率。

2. 转基因食品消费者的策略演化

对于转基因食品消费者来说，选择消费转基因食品市场上的食品效用为：

$$\pi_1' = NP_2 + (1 - P_2)(N - R)$$

当转基因食品消费者选择替代品时的效用为：

$$\pi_2' = 0$$

所以，转基因消费者的期望收益为：

$$\pi' = P_1\pi_1' + (1 - P_1)\pi_2' = P_1NP_2 + P_1(1 - P_2)(N - R)$$

把复制动态方程用于转基因食品消费者，可以得到转基因食品消费者选择在转基因食品市场上消费的比例变化率为：

$$G(p_1) = dp_1/dt = P_1(\pi_1' - \pi) = P_1(1 - P_1)(N - R + P_2R) \tag{3—14}$$

令 $G(p_1) = 0$，可得 $P_1^* = 0$，或 $P_1^* = 1$，或 $P_2^* = 1 - N/R$，根据微分方程的稳定性定理及演化稳定策略的性质，当 $G(p_1^*) < 0$ 时，P_1^* 为演化稳定策略。[①]

（1）当 $P_2^* = 1 - N/R$ 时，$G(P_1^*)$ 始终为 0，即转基因食品销售者真实标识转基因食品的概率为 P_2^* 时，转基因食品消费者选择在转基因食品市场消费的初始比例是稳定的。

（2）当 $P_2 > P_2^*$ 时，区间 $(0, 1)$ 始终有 $G(p_2) > 0$，因此复制动态方程式（3—14）有两个平衡点，即 $P_1^* = 0$，$P_1^* = 1$，则

---

① 李艳波、刘松先：《信息不对称下政府主管部门与食品行业的博弈分析》，《中国管理科学》2006 年第 14 期。

$G'(0) > 0, G'(1) < 0$。即当 $P_2 > P_2^*$ 时，$P_1^* = 1$ 是全局唯一的演化稳定策略（ESS）。即转基因食品销售者真实标识转基因食品概率较大时，转基因食品消费者将在转基因食品市场消费，与转基因食品销售者良性互动，逐步达到帕累托最优状态。

（3）当 $P_2 < P_2^*$ 时，区间（0，1）始终有 $G(p_2) < 0$，因此复制动态方程式（3—14）有两个平衡点，即 $P_1^* = 0$，$P_1^* = 1$，则 $G'(0) < 0$，$G'(1) > 0$。即当 $P_2 < P_2^*$ 时，$P_1^* = 0$ 是全局唯一的演化稳定策略（ESS）。即转基因食品销售者不对销售的转基因食品标识，用转基因食品冒充非转基因食品概率较大时，转基因食品消费者将选择不在转基因食品市场上消费，这不利于转基因食品产业的发展。

图 3—6 显示了上述 3 种情况的动态趋势演化及稳定性。

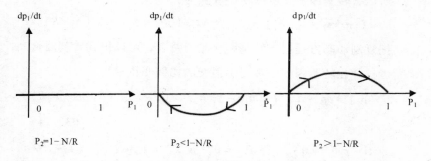

图 3—6 转基因食品消费者动态相位图

由图 3—6 可知，对于转基因食品销售者来说，当 P_2 越大、P_2^* 越小时，$P_2 > P_2^*$ 的概率越大，$P_1^* = 1$ 是全局唯一的演化稳定策略（ESS）的概率越大，即转基因食品销售者真实标识转基因食品概率较大时，转基因食品消费者将在转基因食品市场消费，与转基因食品销售者良性互动，逐步达到帕累托最优状态。P_2 越大，意味着转基因食品销售者真实标识转基因食品的概率越大；$P_2^* = 1 - N/R$，R 固定不变，当 N 越大时，P_2^* 越小，意味着转基因销售者真实标识转基因食品获得的收益越多，则能够增大 $P_2^* = 1$ 是全局唯一演化稳定策略的概率。

在不同的情况下，将上述两个群体类型比例变化的复制动态关系和稳定性，在以两个比例为坐标的平面图上表示出来，如图3—7所示。

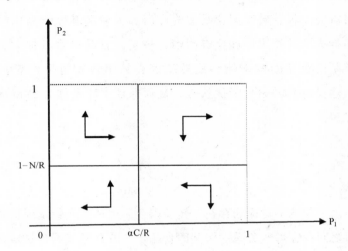

图3—7　转基因食品消费的动态变化趋势坐标图

（三）模型结论

对于转基因食品销售者来说（见图3—5），当P_1越小、P_1^*越大时，$P_1 < P_1^*$的概率越大，达到$P_2^* = 1$是全局唯一的演化稳定策略概率越大，即转基因食品销售者与消费者良性互动，转基因食品生产企业真实标识转基因食品，逐步达到帕累托最优状态。$P_1^* = \alpha C/R$，C为转基因食品销售者被处罚的罚金，α为被处罚的概率，那么，在超额收益R不变时，加大对转基因食品销售者不诚信行为的处罚力度和检查频率，增大了$P_2^* = 1$是全局唯一演化稳定策略的概率。

对于转基因食品监管部门来说（见图3—6），当P_2越大时，$P_2 > P_2^*$的概率越大，达到$P_1^* = 1$是全局唯一的演化稳定策略概率越大，即政府监管部门将发挥其最大的监控作用，逐步达到帕累托最优状态。P_2越大意味着转基因食品生产企业真实标识转基因食品的概率越大，因此，转基因食品生产企业加大真实标识转基因食品的概率增大了 $P_1^* = 1$ 是全局唯一演化稳定策略的概率。

　　由于发展转基因食品对我国具有重大意义，因此建立健康的转基因食品消费市场，对转基因食品产业的发展尤为重要。根据本书研究结果，转基因食品监管部门加大对转基因食品销售者不诚信行为的处罚力度和检查频率，转基因食品销售者加大真实标识转基因食品的概率能够使转基因食品销售者与生产者良性互动，逐步达到帕累托最优状态，从而保证了转基因食品市场的健康发展。

小　　结

　　由于信息不对称的存在，转基因食品生产者和转基因食品监管部门之间存在博弈关系。转基因食品生产者和转基因食品监管部门的策略选择决定了转基因食品市场的均衡。本章运用博弈论知识进行分析，认为无论是静态博弈模型、动态博弈模型还是演化博弈模型，转基因食品生产者重视转基因食品的宣传，自觉加贴食品中转基因成分标签的概率随着转基因食品监管部门监管力度的增大而增大。为了保护消费者的利益，转基因食品相关监管部门要制定合适的转基因食品信息政策和标识政策，对转基因食品生产者进行监管。下一章将建立中国转基因食品消费者的消费者效用函数模型，从理论上探索不同转基因食品标识和信息政策对消费者福利的影响。

第四章 转基因食品标识与信息政策的
效应分析:基于消费者的视角

　　由于转基因食品监管部门对于转基因食品生产者的监管必不可少,而且需要制定合适的转基因食品信息政策和标识政策。本章构造不同标识政策和不同信息政策背景下的消费者消费行为模型,深入探讨了两种监管政策对消费者福利的影响。认为在我国现有的条件下,应该对转基因食品采取强制标识政策和信息宣传政策。

一 标识政策

　　目前世界各国对转基因食品的政策主要有自愿标识政策（voluntary labeling）和强制标识政策（mandatory labeling）两种。自愿标识,是指生产者或销售者自愿对转基因食品进行标识;强制标识,是指所有转基因产品（包括转基因物质含量超过规定含量的动物饲料、植物油、种子和副产品）都必须有标签清楚地标明"本产品为转基因产品"。

　　迄今为止的科学进展,并不能否定转基因食品长期中风险的存在,因此,转基因食品在中长期可能存在潜在的健康和环境风险也越来越受到世界各国消费者的关注。国外学者较早关注转基因食品标识政策等问题。由于目前世界各国对于转基因食品的标识政策不同,美国对于转基因食品采取自愿加标签的政策,而欧洲、日本对于转基因食品采取强制加标签的政策。因此,不同的标识政策成为影响消费者支付意愿的重要因素。洛雷罗研究了美国消费者在强制加标签和自愿加标签监管政策下的支付意愿，结果表明在强制加标签制度下消费者的福利比自愿加标签低，说明美国消费者仍然认同美国现行的自愿标识体系。① 马尔塔（Martha，A.）认为英国的消费者在强制标识的政策下的福利比自愿标识的福利要高，说明英国消费者认同英国现行的强制标识体系。② 鲁道夫（Rodolfo，M. N.）认为相对来说赞成对转基因食品加贴标识的消费者接受转基因食品的意愿更小，因此消费者在转基因食品强制标识政策下获得的福利更多。③

　　那么，在我国现有的条件下，为了保护消费者的利益，应该对转基因食品实行自愿标识还是强制标识政策呢？本节尝试建立不同转基因食品标识政策下的消费者消费行为模型来分析转基因食品标识政策对不同消费者的福利影响。

（一）消费者特征假设

由于有的消费者喜欢转基因食品，而有的消费者不喜欢转基因食品，所以，不同的消费者对转基因食品有着不同的偏好和支付意愿。假设一种最简单的状况，只有一个消费者消费一单位食品。在转基因食品进入市场之前，消费者只能选择传统食品，一单位传统食品的价格是 P_t；而转基因食品进入市场之后，一单位转基因食品的价格是 P_{gm}，此时消费者消费一单位转基因食品或者一单位传统食品。假设在这个问题中消费者的福利函数是均匀分布的并且用货币来衡量，那么，消费者对于消费一单位传统食品和转基因食品的福利函数分别为：

① Loureiro, M. L. and S. Hine, "Preferences and willingness to pay for GM labeling policies", *Food Policy*, Vol. 29, No. 5, 2004.

② Martha Augoustinos, Shona Crabb and Richard Shepherd, "Genetically modified food in the news: media representations of the GM debate in the UK", *Public Understanding of Science*, Vol. 98, No. 19, 2010.

③ Rodolfo M. N., "Acceptance of genetically Modified Food: Comparing Consumer Perspective in the United States and South Korea", *Agricultural Economics*, Vol. 34, No. 3, 2006.

$$U_t = U - P_t \qquad \text{（一单位传统食品被消费）}$$

$$U_{gm} = U - P_{gm} - kc \qquad \text{（一单位转基因食品被消费）}$$

其中，U 表示消费者对一单位传统食品的最大支付意愿（Willing to Pay），或者是保留价格，U_t 表示消费者消费一单位传统食品所获得的福利，U_{gm} 表示消费者消费一单位转基因食品所获得的福利。[①] kc 表示不同消费者对转基因食品不同的偏好程度，$c > 0$，为常数，$k \in [-a, 1]$，$a > 0$，假设所有消费者对转基因食品的态度均匀分布在 $-ac$ 和 c 之间。当 $k = 0$ 时，消费者认为消费转基因食品和传统食品无差异；当 $k > 0$ 时，表示消费者偏好传统食品，消费转基因食品会使消费者的福利减少，$k = 1$ 表示那个最不喜欢转基因食品的消费者；$k < 0$ 时，表示消费者偏好转基因食品，消费转基因食品会使消费者的福利增加，$k = -a$ 表示那个最喜欢转基因食品的消费者（如图 4—1 所示）。

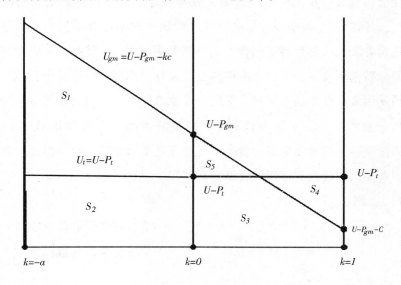

图 4—1　消费者特征

①　Lusk, J. , "Effect of Cheap Talk on Consumer Willingness to pay for Golden Rice", *American Journal of Agricultural Economics*, Vol. 85, No. 4, 2003.

由于转基因技术使得食品的成本降低，所以转基因食品的价格比传统食品低，[①] 即 $P_{gm} < P_t$。当市场上没有转基因食品时，消费者只能消费传统食品，则图4—1中（$S_2 + S_3 + S_4$）为消费者消费传统食品所获得的福利；如果市场上只有转基因食品，消费者只能消费转基因食品，此时图中（$S_1 + S_2 + S_3 + S_5$）为消费者消费转基因食品所获得的福利。

（二）消费者消费行为假设

转基因食品进入市场后，不同的国家针对转基因食品采取了不同的标识政策，主要有自愿标识政策和强制标识政策。

1. 自愿标识政策

如果关于转基因食品的市场政策是自愿标识，那么市场上就可能会出现有标识的转基因食品，假定一单位转基因食品的价格为 P_{gm}；同时由于转基因食品的市场价格比非转基因食品低，而普通消费者又无法辨别转基因食品和非转基因食品，[②] 所以，可能会有部分转基因食品的生产商采取机会主义行为用转基因食品来冒充非转基因食品在市场上销售，假定一单位这种非转基因食品的价格为 P_t'。此时，市场上有转基因食品标识的食品一定是转基因食品，而没有转基因食品标识的食品可能是非转基因食品，也可能是转基因食品，假设没有标识的食品中转基因食品的比例为 λ（$\lambda \in$（0，1））。则：

$$U_{gm} = U - P_{gm} - kc \qquad （一单位转基因食品被消费）$$

$$U_t' = U - P_t' - \lambda kc \qquad （一单位传统食品被消费）$$

---

①　Hobbs, J. E. and Plunkett, "Genetically Modified Food: Consumer Issues and the Role of Information Asymmetry", *Canadian Journal of Agricultural Economics*, Vol. 47, No. 4, 1999.

②　Martha Augoustinos, Shona Crabb and Richard Shepherd, "Genetically modified food in the news: media representations of the GM debate in the UK", *Public Understanding of Science*, Vol. 98, No. 19, 2010.

其中，U_{gm}表示消费者消费一单位转基因食品的福利函数，U_t'表示消费者消费一单位传统食品的福利函数。由于P_t'是自愿标识时的传统食品价格，而自愿标识政策下的非转基因食品中可能有一部分是转基因食品冒充的，且$P_t > P_{gm}$，所以$P_t > P_t' > P_{gm}$。

2. 强制标识政策

如果关于转基因食品的市场政策是自愿标识，那么市场上就会出现有标识的转基因食品和非转基因食品，不同于自愿标识政策的是，在强制标识政策下，有关监管部门会对食品中的转基因成分进行检测，此时市场的非转基因食品则一定是非转基因产品。区分转基因食品和非转基因食品的检测成本将使得消费者购买食品的成本上升，而这部分检测成本大都用在了非转基因食品生产链条上，所以，将导致非转基因食品的价格上升，而转基因食品的价格不变。[①]

所以，转基因食品的价格为P_{gm}，而非转基因食品的价格为P_t''（$P_t'' = P_t' + m$，$m > 0$）。则：

$$U_{gm} = U - P_{gm} - kc \qquad （一单位转基因食品被消费）$$
$$U_t'' = U - P_t'' = U - P_t' - m \qquad （一单位传统食品被消费）$$

其中，U_{gm}表示消费者消费一单位转基因食品的福利函数，U_t''表示消费者消费一单位传统食品的福利函数。P_t''是强制标识政策下传统食品的价格，对食品转基因成分的检测成本大都用在了非转基因食品生产链条上，使得非转基因食品的生产成本提高，即$P_t'' > P_t$。所以，$P_t'' > P_t > P_t' > P_{gm}$。

3. 不同标识政策下消费者福利变化

为了比较哪种标识政策对消费者有利，分别比较自愿标识政策下消费者福利相对于市场无转基因食品时的改善和强制标识政策下消费者福利相对于市场无转基因食品时的改善。当$k = 1$时，$U_{gm} =$

---

① Lusk, J., "Effect of Cheap Talk on Consumer Willingness to pay for Golden Rice", *American Journal of Agricultural Economics*, Vol. 85, No. 4, 2003.

$U - P_{gm} - c$，$U_t' = U - P_t' - \lambda c$。

首先讨论 $U - P_{gm} - c$ 和 $U - P_t' - \lambda c$ 的大小。

（1）在 $U - P_{gm} - c < U - P_t' - \lambda c$ 的情况下如图 4—2 所示。

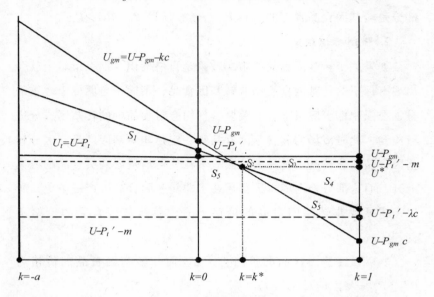

图 4—2　标识政策情况（1）

此时，图 4—2 中 $U_{gm} = U - P_{gm} - c$ 与 $U_t' = U - P_t' - \lambda c$ 两条曲线相交。联立下式：

$$U_{gm} = U - P_{gm} - kc$$

$$U_t' = U - P_t' - \lambda kc$$

可以解得 $k^* = \dfrac{P_t' - P_{gm}}{1 - \lambda c}$，$U^* = U - P_{gm} - ck^*$。

由于自愿标识政策和强制标识政策的转基因食品福利函数是相同的，所以只需要考虑两种政策下消费者对非转基因食品的福利函数变化。首先讨论 $U - P_t$ 的范围。

当 $U^* < U - P_t < U - P_t'$ 时：

自愿标识政策相对于市场上没有转基因食品时对消费者福利的改善如图 4—2 所示。当 $k < k^*$ 时，为直线 $U_{gm} = U - P_{gm} - kc$ 以下，

$U_t = U - P_t$ 以上的部分，当 $k > k^*$ 时为 $U_t' = U - P_t' - \lambda kc$ 以下，$U_t = U - P_t$ 以上的部分。即：$\Delta S_自 = S_1 - S_2 - S_3 - S_4$。

强制标识政策下消费者效用为：

$$U_{gm} = U - P_{gm} - kc$$

$$U_t'' = U - P_t' - m$$

为了得到强制标识政策下消费者福利的改善，讨论 $U - P_t' - m$ 的范围。

情况 1：当 $U - P_t' - m > U^*$ 时，如图 4—2 强制标识政策下消费者的福利改善为 $\Delta S_强 = S_1 - S_2$，所以，$\Delta S_强 > \Delta S_自$。

情况 2：当 $U - P_t' - \lambda c < U - P_t' - m \leqslant U^*$ 时，如图 4—3 所示。

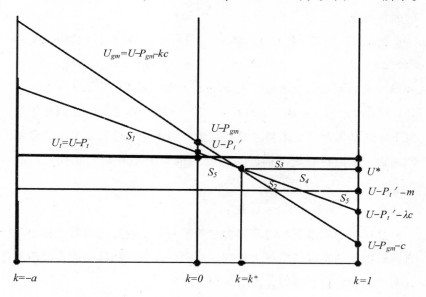

图 4—3 标识政策情况 （2）

自愿标识政策下消费者福利改善为 $\Delta S_自 = S_1 - S_5 - S_3 - S_4$，而强制标识政策下消费者的福利改善为：$\Delta S_强 = S_1 - S_2 - S_3 - S_4$。

由图 4—3 可知，当 m 足够大时，则 $S_2 > S_5$，$\Delta S_强 < \Delta S_自$；当 m 足够小时，$S_2 < S_5$，则 $\Delta S_强 > \Delta S_自$；若 m 的大小使得 $S_2 = S_5$，则 $\Delta S_强 = \Delta S_自$。

情况 3：当 $U - P_t' - m \leqslant U - P_t' - \lambda c$ 时，如图 4—3 所示，自愿标识政策下消费者的福利改善为 $\Delta S_{自} = S_1 - S_2 - S_3 - S_4$，而强制标识政策下消费者的福利改善为：$\Delta S_{强} = S_1 - S_2 - S_3 - S_4 - S_5$，所以，此时，$\Delta S_{强} < \Delta S_{自}$。

当 $U - P_t' - \lambda c < U - P_t \leqslant U^*$ 时：

自愿标识政策相对于市场上没有转基因食品时对消费者福利的改善如图 4—4 所示。当 $k < k^*$ 时，为直线 $U_{gm} = U - P_{gm} - kc$ 以下，$U_t = U - P_t$ 以上的部分，当 $k > k^*$ 时为 $U_t' = U - P_t' - \lambda kc$ 以下，$U_t = U - P_t$ 以上的部分。即：$\Delta S_{自} = S_1 + S_2 - S_3 - S_4$。

为了得到强制标识政策下消费者福利的改善，讨论 $U - P_t' - m$ 的两种情况。

情况 1：当 $U - P_t' - \lambda c < U - P_t' - m < U - P_t$ 时，如图 4—4 所示，$\Delta S_{强} = S_1 - S_3 - S_5$，若 $S_2 - S_4 < S_5$，则 $\Delta S_{强} > \Delta S_{自}$；若 $S_5 < S_2 - S_4$，则 $\Delta S_{自} > \Delta S_{强}$；若 $S_2 - S_4 = S_5$，则 $\Delta S_{强} = \triangle S_{自}$。

情况 2：当 $U - P_t' - m \leqslant U - P_t' - \lambda c$ 时，由于此时强制标识政策下非转基因食品的消费者福利函数严格小于自愿标识的消费者福利函数，而两种政策下的转基因食品消费者福利函数相同，所以 $\Delta S_{自} > \Delta S_{强}$。

当 $U - P_t \leqslant U - P_t' - \lambda c$ 时：

强制标识政策下非转基因食品的消费者消费行为函数严格小于自愿标识的消费者消费行为函数，而两种政策下的转基因食品消费者福利函数相同，所以，$\Delta S_{自} > \Delta S_{强}$。

（2）在 $U - P_t' - \lambda c \leqslant U - P_{gm} - c$ 的情况下如图 4—5 所示。

此时，自愿标识政策下，转基因食品的消费者福利函数大于非转基因食品的福利函数，所以理性的消费者只消费转基因食品。首先讨论 $U - P_t$ 的范围。

当 $U - P_{gm} - c < U - P_t < U - P_t'$ 时，图 4—5 所示为 $\Delta S_{自} = S_1 + S_4 - S_2 - S_3$，此时，讨论 $U - P_t' - m$ 的两种情况。

情况 1：若 $U - P_{gm} - c < U - P_t' - m$，图 4—5 所示为 $\Delta S_{强} =$

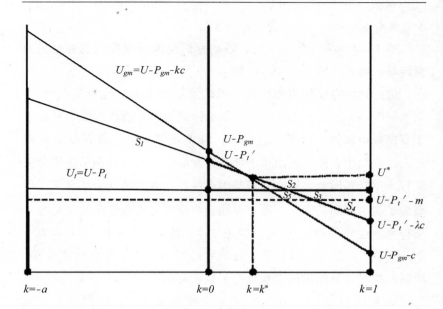

图 4—4　标识政策情况（3）

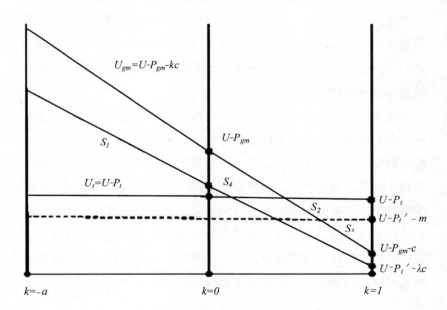

图 4—5　标识政策情况（4）

$S_1 + S_4 - S_2$，$\Delta S_{强} > \Delta S_{自}$。

情况 2：若 $U - P_t' - m \leqslant U - P_{gm} - c$，如图 4—5 所示，$\Delta S_{强} =$

$\Delta S_{自} = S_1 + S_4 - S_2 - S_3$，则 $\Delta S_强 = \Delta S_自$。

当 $U - P_t \le U - P_{gm} - c$ 时，强制标识政策下理性消费者也只消费转基因食品，所以，$\Delta S_强 = \Delta S_自$。

通过比较自愿标识和强制标识政策下消费者福利的变化可知，当 $U - P_t' - \lambda c \le U - P_{gm} - c$ 时，强制标识政策下消费者的福利弱强于自愿标识政策，由于 $P_{gm} < P_t'$，当 λ 足够大时，能保证上式成立。这取决于自愿标识政策下转基因食品生产者是否会采取机会主义行为用转基因食品冒充非转基因食品。在我国的现实条件下，厂商为了追求利润最大化，很有可能会在自愿标识政策下采取机会主义行为，这就使得 λ 很大，接近于 1，这时，$U - P_t' - \lambda c \le U - P_{gm} - c$ 成立，强制标识政策下消费者的福利弱大于自愿标识政策，所以，此时采取强制标识政策对消费者有利。

如果 $U - P_{gm} - c < U - P_t' - \lambda c$，即 λ 足够小，能保证上式成立。这时，在自愿标识政策下，转基因食品生产者采取机会主义行为的比例较小。此时，如果 λ 足够小，则自愿标识政策下消费者的福利大于强制标识政策，自愿标识政策对消费者有利；如果 m 较大，则强制标识政策下消费者的福利弱大于自愿标识政策，采取强制标识政策对消费者有利。

综上，在一个市场经济和法制比较完善的环境下，转基因食品生产者采取机会主义行为的概率较低，且转基因食品的检测成本 m 较低的情况下，自愿标识政策对消费者是有利的；而在一个市场经济和法制尚不够完善，厂商机会主义行为比较普遍的环境下，采取强制标识政策将能够保障消费者的利益。由于我国市场经济和法制建设还不够完善，市场经济的建设和相关法律的完善还将有一个很长的阶段。所以，为了保护消费者的利益，强制标识应该是我国的转基因食品标签管制方式的政策取向。

二 信息政策

由于转基因食品在世界上的历史不长，尤其在中国，很多消费者并不了解转基因食品，国内外很多研究表明了在不同信息情况下，消费者的选择是有显著性差异的。①

彭光芒等采用控制实验的方法，通过让实验参与者接触一定数量的转基因食品信息，来观察和测量被试者对转基因食品的态度和行为是否发生改变。随机选取 200 名大学一年级学生参加了实验，分为实验组和控制组，实验组要求观看一组转基因食品信息 PPT 材料，控制组用于对比观察。结果证明信息的态度倾向能够显著引起实验参与者态度和行为的改变，而信息提供者身份在这方面的影响并不突出，态度改变与行为改变之间呈现弱相关的关系。②

哈夫曼通过拍卖实验研究在给予实验参与者不同信息情况下，实验者对新鲜牛肉和包装牛肉的出价。结果表明，实验的地点、时间等环境因素对实验者的出价没有显著影响，但是有信息与没有信息时消费者的出价差异显著。③

那么，究竟关于转基因食品的信息介绍对消费者的福利造成怎样的影响呢？本节尝试从理论角度分析不同信息政策下消费者的福利变化。

（一）模型假设

假设一单位转基因食品的市场售价为 P_{gm}，每一位转基因食品消费者对一单位转基因食品的保留价格为 P_x，那么，每位转基因食品消费者购买一单位转基因食品的福利 $W = P_x - P_{gm}$，当 $P_{gm} \leqslant P_x$ 时，消费者购买转基因食品，否则，消费者不购买转基因食品。

①　Huffman W. , Rousu M, Shogren J. F. et al. , "The effects of prior beliefs and learning on consumers acceptance of genetically modified foods", *American Journal of Agricultural Economics*, Vol. 63, No. 6, 2007.

②　彭光芒、尤永、吕瑞超：《转基因食品信息对个人态度和行为影响的实证研究》，《华中农业大学学报》2010 年第 3 期。

③　Huffman W. , Rousu M. , Shogren J. F. et al. , "The effects of prior beliefs and learning on consumers acceptance of genetically modified foods", *American Journal of Agricultural Economics*, Vol. 63, No. 6, 2007.

在没有向消费者宣布转基因食品的信息时，假设消费者对转基因食品的保留价格 $P_x \in [0, P_k]$，$(P_k \geqslant P_x)$ 且转基因食品消费者的保留价格分布是均匀的。当 $P_x \geqslant P_{gm}$，即 $W \geqslant 0$ 时，消费者购买转基因食品。这时，所有转基因食品消费者的福利为 $S_1 + S_2$。当向消费者宣布有关转基因食品的信息后，不同消费者对信息的态度可能会不同。有的消费者认为关于转基因食品的信息是负面的，那么他对转基因食品的保留价格会下降；有的消费者认为关于转基因食品的信息是正面的，那么他对转基因食品的保留价格会上升。

（二）负面信息

关于转基因食品的信息宣布后，如果消费者认为关于转基因食品的信息是负面的，那么消费者喜欢转基因食品的程度降低了，此时消费者对于转基因食品的保留价格会下降。如图 4—6 所示，假设消费者对于一单位转基因食品的保留价格下降 m，那么，$P_x \in [0, P_k - m]$，当 $P_x \geqslant P_{gm}$ 时，消费者购买转基因食品，转基因食品消费者的福利为 S_1。实际上，当没有信息时，保留价格在 $[P_{gm}, P_{gm} + m]$ 的消费者在有信息时将不再购买转基因食品，因为他们对于转基因食品的保留价格降低了。

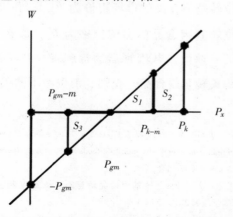

图 4—6   消费者在负面信息下的福利变化

　　消费者在充分了解转基因食品的信息后对于转基因食品的保留价格才是真实的。在没有信息时，消费者对于转基因食品保留价格 $P_x \in \left[P_{gm}, P_k \right]$ 时都会购买转基因食品，而实际上消费者真实的福利是在了解转基因食品信息后（保留价格下降）获得的，即 $S_1 - S_3$；而有信息时消费者获得的福利是 S_1。因此，信息的宣布使得消费者的福利水平提高。

（三）正面信息

　　关于转基因食品的信息宣布后，如果消费者认为关于转基因食品的信息是正面的，那么消费者喜欢转基因食品的程度提高了，此时消费者对于转基因食品的保留价格会上升。如图 4—7 所示，假设消费者对于一单位转基因食品的保留价格上升 n，那么，$P_x \in \left[0, P_k + n \right]$，当 $P_x \geqslant P_{gm}$ 时，消费者购买转基因食品，转基因食品消费者的福利为 $S_1 + S_2 + S_3$。实际上，当没有信息时，保留价格在 $\left[P_{gm} - n, P_{gm} \right]$ 的消费者在有信息时将购买转基因食品，因为他们对于转基因食品的保留价格提高了。

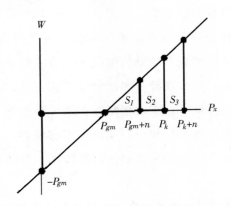

图 4—7　消费者在正面信息下的福利变化

　　消费者在充分了解转基因食品的信息后对于转基因食品的保留价格才是真实的。在没有信息时，消费者对于转基因食品保留价格 $P_x \in \left[P_{gm}, P_k \right]$ 时都会购买转基因食品，而实际上消费者真实的福利是在这部分消费者了解转基因食品信息后（保留价格上升）获得的，即 $S_2 + S_3$；而有信息时消费者获得的福利是 $S_1 + S_2 + S_3$。因此，信息的宣布使得消费者的福利水平提高。

由以上分析可知，无论消费者对信息的评价是正面的还是负面的，消费者对转基因食品的保留价格下降还是上升，消费者在充分了解转基因食品的信息后对于转基因食品的保留价格才是真实的。所以，消费者在有信息情况下的福利水平要高于无信息情况下的福利水平。由于转基因食品生产者追求利润最大化，不会主动向消费者宣传转基因食品的信息。因此，为了保护消费者的利益，公开转基因食品信息应该是我国的转基因食品信息管制方式的政策取向。

小　　结

本章通过构造不同标识政策和不同信息政策背景下的消费者福利函数模型，深入探讨了标识、信息两种转基因食品标识、信息政策对消费者福利的影响。认为在一个市场经济和法制比较完善的条件下，转基因食品生产者采取机会主义行为的概率较低，且转基因食品的检测成本较低的情况下，自愿标识政策对消费者是有利的；而在一个市场经济和法制尚不够完善，厂商机会主义行为比较普遍的环境下，采取强制标识政策将能够保障消费者的利益。由于我国市场经济和法制建设还不够完善，所以，为了保护消费者的利益，应该采用强制标识政策作为我国的转基因食品标签管制方式。

消费者在充分了解转基因食品的信息后对于转基因食品的保留价格才是真实的。所以，消费者在有信息情况下的福利水平要高于无信息情况下的福利水平。由于转基因食品生产者追求利润最大化，不会主动向消费者宣传转基因食品的信息。因此，为了保护消费者的利益，公开转基因食品信息应该是我国的转基因食品信息管制方式的政策取向。

　　下一章将尝试利用问卷调查和真实的拍卖实验数据，建立消费者消费行为模型，实证研究消费者在不同标识政策和信息政策下的消费行为。

第五章 转基因食品标识与信息政策对消费者行为影响分析：基于 Logistic 模型

为了研究消费者在不同转基因食品标识、信息政策下消费行为的变化，本书在调查问卷和实验数据的基础上，建立消费者行为的 Logistic 模型，尝试研究不同转基因食品标识、信息政策对消费者消费行为的影响。

一　调查问卷

我们在上海、平顶山、石河子三个城市招募 216 名实验参与者进行经济学实验，实验完毕后要求每一位实验参与者完成一份关于转基因食品的调查问卷（见附表）。

（一）实验参与者的基本状况

调查时间为 2010 年 12 月—2011 年 2 月，实验参与者的基本状况如表 5—1 所示。

由表 5—1 可知，实验参与者的个人基本状况方面，年龄均值为 35.64 岁，主要集中在青壮年市民；样本性别比例女性略大于男性；教育程度为大专和本科及以上的被调查者所占比例最大，分别为 31.28% 和 39.33%；被调查者的职业为企业和政府或事业单位所占比例最大，分别为 70.28% 和 13.68%；购买食品的地点主要是超市，所占比例为 62.59%。

表 5—1　　　　　　　　　　**实验参与者基本状况**

样本个人特征

年龄（岁）	均值	35.64
	标准差	11.98
性别	男性	43.46%
	女性	56.54%
教育程度	本科及以上	39.33%
	大专	31.28%
	高中	11.37%
	中专	6.64%
	初中及以下	11.37%
职业	企业	70.28%
	政府事业单位	13.68%
	学生	3.33%
	自由工作者	8.49%
	退休	4.25%
购买地点	超市	62.59%
	集贸市场	32.87%
	流动摊贩	4.55%

家庭特征

家庭人口数（口）	均值	3.24
	标准差	1.14
人均收入（元）	均值	3290.92
	标准差	3009.54
居住区域	市区	83.33%
	郊区	26.67%

在被调查者的家庭基本状况方面，家庭人口数的均值为 3.24，标准差为 1.14；家庭人均月收入的均值为 3290.92 元，大于我国

城镇人口人均月收入 1571.50 元，① 由于上海地区经济发展水平较
高，人均月收入大大高于全国平均水平，平顶山和石河子也是中西
部的中型城市，使得人均月收入水平高于全国城镇平均水平；居住
区域为市区的被调查者占大多数，为 83.33%，住郊区的占
26.67%。

（二）实验参与者个人特征

被调查者的个人特征包括年龄、性别、教育程度、职业和购买
地点 5 个指标。

图 5—1 所示为年龄指标。问卷中的年龄选项共有 212 人作答，
其中年龄最小的是 15 岁，年龄最大的为 77 岁，平均年龄为 35—
36 岁之间。样本年龄基本上涵盖了各个年龄段的市民。其中 20—
29 岁这个年龄段的样本最多，主要原因一是由于上海的样本选取
是在几家高科技企业中，这些企业中的普通员工一般都是刚毕业的
大学生，年龄较小；二是招募声明是苹果拍卖实验，年轻人可能对
新鲜事物比较感兴趣。

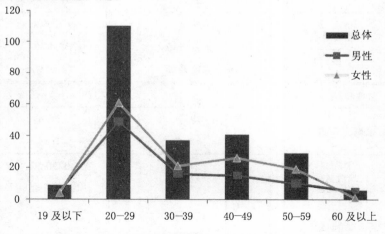

图 5—1　实验参与者年龄情况（单位：岁）

---

① 　数据来源：《中国统计年鉴 2010》。

　　问卷中的性别选项共有 214 人作答，其中女性 121 人，男性 93 人。样本中的女性比例大于男性比例的原因可能由于实验招募的方式是事先声明是苹果拍卖，女性较男性对苹果购买可能更加感兴趣。考虑到女性通常是在家庭食品消费支出决策中起到更为重要的作用，样本中女性比例偏大可能会更好地反映出我国转基因食品的需求状况。①

　　图 5—2 所示为教育程度指标。问卷中教育程度选项共有 211 人作答。样本学历涵盖了本科及以上、大专、高中、中专、初中及以下。其中最高学历为硕士，最低学历为小学。本科和大专占了绝大部分。只有 1 人是小学文化程度，样本中较高的文化程度使得他们有足够的能力理解问卷设计的题目以及拍卖实验流程含义，不会因为理解能力欠缺而影响问卷和实验的准确性。从样本的文化程度上来讲，样本的选取是有效的。

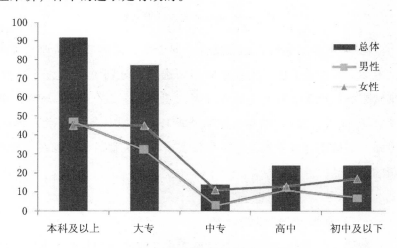

图 5—2　实验参与者受教育情况

　　图 5—3 所示为职业指标。问卷中实验参与者的职业选项共有 212 人作答。其中在企业工作为 149 人，在政府事业单位工作为 29

---

　　①　仇焕广、黄季焜等：《政府信任对消费者行为的影响研究》，《经济研究》2007 年第 6 期。

人，学生 7 人，自由工作者 18 人，退休 9 人。由于实验招募是在企事业单位进行的，所以问卷中绝大部分来自企事业单位，而学生、自由工作者和退休人员只占很小一部分。

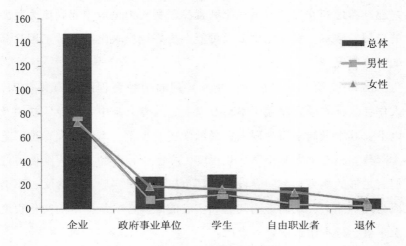

图 5—3　实验参与者职业情况

图 5—4 所示为购买地点指标。问卷中经常购买食品地点选项共有 205 人作答。由于此选项为多项选择，分别统计了选择超市、集贸市场和流动摊贩的实验参与者。超市 179 人，占 62.59%；集贸市场 94 人，占 32.87%；流动摊贩 13 人，占 4.55%。由图 5—4 可知，实验参与者主要在超市和集贸市场购买食品，较少在流动摊贩购买食品。

（三）实验参与者家庭特征

被调查者的家庭特征包括家庭规模、家庭人均月收入和居住区域三个指标。

图 5—5 所示为家庭规模指标。问卷中的家庭规模选项共有 213 人回答，其中最小的住户规模为 1 口，最大的住户规模为 8 口，样本覆盖面较大。住户规模的均值接近 3 口，样本中 50.7% 的家庭规模为 3 口，这与仇焕广（2007 年）的调查结果基本一致，

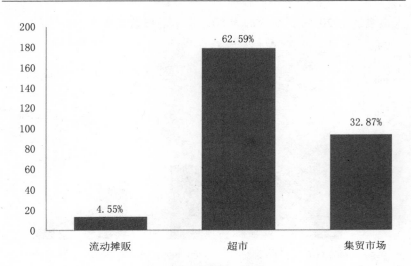

图5—4　实验参与者购买食品地点

即我国典型的家庭规模为 3 口之家。

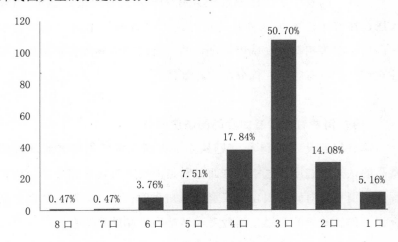

图5—5　实验参与者家庭规模

图 5—6 所示为人均月收入指标。问卷中家庭人均收入选项共有 206 人作答。样本的平均家庭人均月收入为 3290.92 元，高于全国平均水平。由图可知：样本中家庭人均月收入大于或等于 10000 元的为 13 人，5000—9999 元为 32 人，3000—4999 元为 47 人，1000—2999 元为 99 人，1000 元以下为 15 人，其中家庭人均月收

人最多的为 20000，最少的为 80，样本的覆盖面较大。

图 5—6　实验参与者家庭人均月收入情况（单位：元）

此外，问卷中居住区域选项共有 216 人作答。结果显示，180 人居住在市区，36 人居住在郊区，绝大多数的样本居住区域是市区。由于实验招募是在城市中进行的，所以大部分的实验参与者居住在市区，只有很小一部分居住在郊区。

（四）消费者对转基因食品的态度调查

调查问卷设计了 14 个问题从 4 个方面调查了消费者对转基因食品的认知和态度。这 4 个方面分别是消费者对转基因食品的认知程度；消费者对转基因食品安全的认知程度；消费者对转基因食品标识、信息政策的意愿；消费者对转基因食品的购买意愿。

为了调查消费者对转基因食品的认知程度，问卷设计了 3 个问题：

（1）在这次调查前，您听说过转基因食品吗？

（2）如果您听说过转基因食品，那您购买过转基因食品吗？

（3）据您所知，目前的市场上有转基因食品的销售吗？

调查结果如表 5—2 所示。

表5—2　　　　　　　　消费者对转基因食品的认知程度

		选择人数	所占比例（%）
是否听说过	非常熟悉	5	2.35
	仅仅听说	126	59.15
	不太了解	49	23.00
	没听说过	33	15.49
是否购买过	经常购买	5	2.38
	偶尔购买	53	25.24
	没有购买	62	29.52
	不知道是否购买过	90	42.86
是否有销售	有	130	61.90
	没有	11	5.24
	不知道	69	32.86

关于问题（1），回答仅仅听说过的所占比例最高，为59.15%；其次是不太了解，占23%；没听说过的占15.49%；非常熟悉的最少，仅占2.35%。这说明实验参与者大部分都听说过转基因食品，只是对转基因食品非常熟悉的人很少。回答没听说过转基因食品和不太了解转基因食品的占比分别为15.49%和23%，这说明实验参与者对转基因食品的认知程度还很低，还有很多人对转基因食品的概念并不太了解。

关于问题（2），回答不知道是否购买过转基因食品的最多，占比为42.86%；回答没有购买和偶尔购买转基因食品的占比分别为29.52%和25.24%；回答经常购买的占比最少，为2.38%。可见，实验参与者大部分人并不知道购买的食品是否转基因食品，说明我国目前关于转基因食品的标识和宣传还不为大多数人所知。有近30%的消费者选择从来没有购买过转基因食品，而事实上，转基因食品在我国食品市场上并不少见。只有 2.38% 的实验参与者表示自己经常购买转基因食品，这说明绝大多数消费者其实并不了解自己平时消费的食品是否转基因食品。

关于问题（3），有 61.9% 的实验参与者选择目前市场上有转基因食品销售，有 32.86% 的消费者选择不知道，5.24% 的消费者认为目前市场上没有转基因食品销售。事实上，转基因油、蔬菜、水果、肉等转基因食品已经遍布我国食品市场，但是有近 40% 的实验参与者并不清楚市场上有转基因食品在销售。

综上，从实验参与者对转基因食品的认识程度来看，消费者对转基因食品的认知程度还很低。大多消费者是仅仅听说过转基因食品，并不清楚自己消费的食品是否转基因食品，近一半的消费者并不知道市场上有转基因食品在销售。

为了调查消费者对转基因食品安全的认知程度，问卷设计了 4 个问题：

（1）有人认为"如果一个人食用了转基因食品，他的基因也将会被改变，所以不能食用转基因食品"，您认为这个说法正确吗？

（2）就您目前所掌握的知识和信息，您认为转基因食品对人体健康有危害吗？

（3）有些人认为，在传统食品的生产和加工过程中有大量食用化肥、农药、食品添加剂等。传统食品在生产加工中可以避免这些物质，所以转基因食品比传统食品安全。对这种说法，您认为正确吗？

（4）有些人认为，转基因食品在生产过程中，改变了动植物的基因，而传统食品的原料都是几千年来人们所习惯的动植物。所以传统食品比转基因食品安全。对于这种说法，您认为正确吗？

调查结果如表 5—3 所示。

表 5—3　　　　　　　　消费者对转基因食品安全的认知程度

		选择人数	所占比例（%）
食用后人的基因会改变	正确	11	5.12
	不正确	132	61.40
	不知道	72	33.49
对人体健康是否有危害	有危害	38	17.59
	没有危害	40	18.52
	不知道	138	63.89
比传统食品安全	正确	45	20.93
	错误	43	20.00
	不清楚	127	59.07
传统食品更安全	正确	65	30.23
	错误	43	20.00
	不清楚	107	49.77

关于问题（1），有 61.4% 的实验参与者回答不正确，有 33.49% 的实验参与者回答错误或不知道。说明大多数实验参与者对转基因食品的安全性有基本的了解。

关于问题（2），有 17.59% 的实验参与者认为转基因食品对人体有危害；18.52% 的实验参与者认为转基因食品对人体没有危害，而 63.89% 的实验参与者选择不知道，说明大多数实验参与者并不知道食用转基因食品是否对人体健康造成危害。

关于问题（3），有近 60% 的实验参与者选择了不清楚，近 20% 的实验参与者选择正确，20% 的消费者选择错误。说明大多数实验参与者并不确定转基因食品比传统食品安全。

关于问题（4），有近 50% 的实验参与者选择不清楚，近 30% 的实验参与者选择正确，20% 的实验参与者选择错误。说明大多数实验参与者并不确定传统食品比转基因食品安全。

综上，从实验参与者对于转基因食品的安全认知来看，大多数消费者不能确定传统食品和转基因食品哪个更加安全，不清楚食用转基因食品是否会对身体健康造成影响。为了调查消费者对转基因食品标识、信息政策的意愿，问卷设计了 3 个问题：

（1）您认为有必要对转基因食品进行大力宣传吗？

（2）你认为转基因食品在销售时有必要贴上标签吗？

（3）如果为了标识，需要对食品成分进行检测，这将导致食品价格升高，您还认为有必要贴上标签吗？

调查结果如表 5—4 所示。

表 5—4　　　消费者对转基因食品标识、信息政策的意愿

		选择人数	所占比例（%）
是否有必要宣传	没有必要	62	29.38
	很有必要	149	70.62
是否有必要贴标签	没有必要	7	3.38
	很有必要	200	96.62
食品价格升高是否有必要贴标签	没有必要	31	14.98
	很有必要	176	85.02

关于问题（1），有 70.62% 的参与者认为有必要对转基因食品进行大力宣传，有 29.38% 的消费者认为没有必要。可见大部分的实验参与者希望有关部门对转基因食品大力宣传。

关于问题（2）和（3），有 96.62% 的消费者认为转基因食品在销售时应该标识，只有 3.38% 的实验参与者认为转基因食品销售没有必要标识。当标识引起食品价格上涨后，仍然有 85.02% 的实验参与者认为转基因食品在销售时应该标识，近 15% 的实验参与者表示此时不必要标识。这说明即使标识引起食品价格的上涨，绝大多数的实验参与者仍然希望转基因食品在销售时标识。

综上，实验参与者对于转基因食品标识和对转基因食品大力宣传两种政策态度明显。大多数消费者认为应该对转基因食品进行大力宣传，转基因食品在销售时应该加贴标签。

　　为了调查消费者对转基因食品的购买意愿，问卷设计了 4 个问题。

　　（1）目前的科学没有证明转基因食品对人体健康有害，如果转基因食品比传统食品便宜，您是否会购买转基因食品？

　　（2）在购买食品时，您觉得价格和食品安全哪个更加重要？

　　（3）在购买食品时，您觉得价格和食品品牌哪个更加重要？

　　（4）在购买食品时，您觉得价格和食品营养哪个更加重要？

　　调查结果如表 5—5 所示。

表 5—5　　　　　　　　消费者对转基因食品的购买意愿

		选择人数	所占比例（%）
是否会购买转基因食品	愿意	143	66.82
	不愿意	71	33.18
价格 vs. 安全	价格重要	2	0.93
	安全重要	212	99.07
价格 vs. 品牌	价格重要	60	28.04
	品牌重要	154	71.96
价格 vs. 营养	价格重要	5	2.33
	营养重要	210	97.67

　　关于问题（1），有 66.82% 的消费者表示愿意接受转基因食品，有 33.18% 的消费者标识不愿意接受转基因食品。这说明实验参与者对于转基因食品的接受程度较高，大多数的实验参与者愿意接受转基因食品。这与国内大多数的研究结果相似，黄季焜等开展的 11 个城市的调查显示 2002 年 57% 的消费者愿意接受转基因食品，[①] 所以我国的消费者对转基因食品的接受程度较高。

　　关于问题（2），99.07% 的实验参与者认为食品安全比价格重

————————

　　① 黄季焜、仇焕广等：《中国城市消费者对转基因食品的认知程度、接受程度和购买意愿》，《中国软科学》2006 年第 2 期。

要，只有 0.93% 的实验参与者认为食品价格比安全重要。说明绝大多数实验参与者在购买食品时关注食品的安全程度大于食品的价格。

关于问题（3），近 72% 的实验参与者认为食品品牌比价格重要，近 28% 的实验参与者认为食品价格比品牌重要。说明大多数实验参与者关注食品的品牌大于食品的价格。

关于问题（4），97.67% 的实验参与者认为食品营养比价格重要，2.33% 的实验参与者认为食品价格比营养重要。说明大多数实验参与者关注食品的营养大于食品的价格。

综上，实验参与者中大多数愿意接受转基因食品，在食品消费时，实验参与者关注食品安全、食品品牌、食品营养大于食品价格。

二 经济学实验

（一）实验设计

实验设计一般包括以下几个重要的因素：[①]

（1）用什么测量机制来获得消费者对于转基因食品的估值？

（2）模拟的市场行为将要被执行一次还是数次？

（3）在实验中被选取作为拍卖的标的物是一种还是多种，是什么？

（4）在实验中是否需要附加关于转基因食品本身或者市场环境的额外信息？

1. 拍卖机制的选择

（1）传统拍卖机制。拍卖是具有明确规则的市场制度，参与竞标者通过拍卖规则实现拍卖物品的配置和价格的确定，它能够反

① Jaeger S. R., Jayson L. Lusk, Lisa O. House, Carlotta Valli, Melissa Moore, Bert Morrow and W. Bruce Traill, "The use of non-hypothetical experimental markets for measuring the acceptance of genetically modified foods", *Food Quality and Preference*, Vol. 15, No. 7, 2004.

映出市场的价格形成机制和资源配置的内在过程，从而匹配买者和卖者以达到市场出清的均衡价格。拍卖是一种很好的价格发现方式，其基本功能有两个：一是揭示信息；二是减少交易代理成本。除此之外，拍卖可以有效配置社会资源，将资源分配给出价最高的竞标者，符合效率原则。

将拍卖机制作为价格发现方式已经越来越多地应用在相关的研究领域。按照拍卖物的交易规则可以将最基本的拍卖分为四种方式：英式拍卖、荷式拍卖、第一价格密封拍卖和第二价格密封拍卖。拍卖机制的设计一般是基于这四种标准规则设定的。不同的交易规则或方式影响竞标者的策略及交易效率。

英式拍卖是指价格持续地增加直到没有一个竞标者出更高价，那么最高叫价获胜并且支付最高叫价。由于其公开的性质，竞标者能够观察到其他竞标者的行为，因此，竞标者能够处理信息和动态地修改竞标者的预期价格。英式拍卖是用得最多的一种拍卖方式，特别是专业拍卖行一般都采取这种拍卖方式。古董和艺术品通常采取这种拍卖方式，有时一些住房也用该种拍卖方式。但是这种加价拍卖机制并非理想的设计，因为这种设计可能妨碍竞争者大胆报价，甚至会导致潜在进入者不敢参与拍卖。[1]

荷式拍卖和英式拍卖正好相反，拍卖人先从最高价开始叫价，然后按事先规定的幅度逐渐降低价格，直至有人愿意接受该价格为止。荷式拍卖是四种标准拍卖中最能有效防止合谋行为的拍卖方式，因为在这种拍卖中信息披露得最少。最早在荷兰，人们常用这种方式来拍卖鲜花，因此称为荷式拍卖。荷兰的鲜花、以色列的鱼以及加拿大的烟草均采取该种拍卖方式。

由于本实验试图得到每一位转基因食品消费者对于单位转基因食品的保留价格，而英式拍卖和荷兰拍卖中，不是每一位竞争者都

---

① Klemperer P. D. , "Auctions with Almost Common Value: The 'Wallet Game' and its Applications", *European Economic Review* , Vol. 42 , No. 3 , 1998.

会出价，所以，英式拍卖和荷式拍卖不适用于本实验。

第一价格密封拍卖是指每个竞标者独立地向卖方提供密封的标书，标书上标明其愿意支付的价格，标价最高的投标人以其标价赢得物品。在英式拍卖中，如果可能的话，可以重新设置其出价；而在第一价格密封拍卖下，每个投标人只能提交一次标书，也看不见对手的出价。在美国，常用这种拍卖方式来拍卖政府所拥有的矿藏开发权、土地使用权等，大量的政府采购合同也是通过密封拍卖进行的。

假设有两个竞争者进行第一价格密封拍卖，他们对标的物的保留价格为 V_1 和 V_2，他们的出价策略为 $g_1(V_1)$ 和 $g_2(V_2)$。假设这个博弈的贝叶斯纳什均衡是对称的，g_1 和 g_2 取相同的函数形式 $g(\cdot)$，g 是严格增函数。[①]

当竞标者 2 使用 $g(\cdot)$ 为他的策略时，竞标者 1 应该如何选择他的最佳竞争策略呢？

在竞标者 1 的保留价格为 V 时，如果报价为 p，那么竞标者 1 的期望收益是：$W = (V\text{-}p) \times prob\ (p\ 获胜) = (V\text{-}p) \cdot prob\ (V_2)$ $g_2(V_2) < p) = (V\text{-}p) \cdot g^{-1}(p)$。

竞标者 1 应该取 p，使得上式最大，利用一阶条件可得：

$$\frac{\partial W}{\partial p} = g^{-1}(p) + (V\text{-}p)\frac{1}{g'(g^{-1}(p))} = 0$$

求解上式可得：$g(V) = \frac{1}{2}V$。

当有 n 人参加竞标博弈时，期望收益为 $W = (V - p)$ $[g^{-1}(p)]^{n-1}$，对 p 求一阶导数可得：

$$\frac{\partial W}{\partial p} = -[g^{-1}(p)]^{n-1} + (V\text{-}p)(n\text{-}1)[g^{-1}(p)]^{n-2}\frac{1}{g'(g^1(p))} = 0$$

可以解得：$g(V) = \frac{n\text{-}1}{n}V$。

---

① ［美］杰弗瑞·杰里、菲利普·瑞尼：《高级微观经济学》，王根蓓译，上海财经大学出版社 2005 年版。

　　所以在第一价格密封拍卖中，人越多，竞争者的出价越接近于他的保留价格，但是总是比保留价格要低。

　　第二价格密封拍卖是指投标人独立地提交密封的标书给拍卖人，仍然是出价最高者得到标的物，但他支付的不是自己的报价，而是第二高价。这种拍卖方式常被用于邮票的拍卖及网上拍卖，不过没有其他拍卖形式普遍，但是由于其具有很好的理论性质而在理论研究中被广泛使用。

　　在每一种拍卖中，如果几个人的出价相同，并且都是最高价，那么拍卖人会在他们中随机挑选一个为获胜者。比如说，在第一价格密封拍卖中，如果竞标者为二人或二人以上，以先递交的竞标者为赢；如果几个竞标者同时出价，则先开标者获胜。按照拍卖物的数量可以将拍卖分为单个物品的拍卖和多个物品的拍卖。多物品拍卖通常可以采用同步拍卖和序贯拍卖两种方式。同步拍卖是指所有物品同时进行拍卖，包括价格歧视的密封拍卖和价格竞争的密封拍卖。序贯拍卖则是按顺序逐个地重复拍卖。

　　那么在二价拍卖中，对于每一位竞争者来说，他们的最优策略是什么呢？

　　对于任意一位竞争者，假设他的保留价格为 V_i，而除他之外的所有竞争者中出的最高价为 $MaxP_j$，下面讨论这位竞争者的出价与他保留价格的关系。

　　如果这位竞争者出价 $V_i' > V_i$，那么这位竞争者的收益和出价 V_i 的收益分别为 $W_i(V_i')$ 和 $W_i(V_i)$，则如表5—6所示。

表5—6　　　　　　　　　竞争者出价收益比较1

	$W_i(V_i)$	$W_i(V_i')$
$MaxP_j < V_i$	V_i-$MaxP_j$	V_i-$MaxP_j$
$V_i < MaxP_j < V_i'$	0	$V_i - MaxP_j$ （$V_i - MaxP_j < 0$）
$V_i' < MaxP_j$	0	0

由表 5—6 可知，当 $\mathrm{Max}P_j < V_i$ 和 $V_i' < \mathrm{Max}P_j$ 时，竞争者出价 V_i' 和 V_i 的收益是一样的，当 $V_i < \mathrm{Max}P_j < V_i'$ 时，由于此时 $V_i-\mathrm{Max}P_j < 0$，所以竞争者出价 V_i 的收益是强于出价 V_i' 的，所以竞争者在二价拍卖中出保留价格 V_i 所获得收益弱强于出比保留价格高的价格 V_i'。

如果这位竞争者出价 $V_i'' < V_i$，那么这位竞争者的收益和出价 V_i 的收益分别为 $W_i(V_i'')$ 和 $W_i(V_i)$，则如表 5—7 所示。

表 5—7　　　　　　　　竞争者出价收益比较 2

	$W_i(V_i)$	$W_i(V_i'')$
$\mathrm{Max}P_j < V_i''$	$V_i - \mathrm{Max}P_j$	$V_i - \mathrm{Max}P_j$
$V_i'' < \mathrm{Max}P_j < V_i$	$V_i - \mathrm{Max}P_j\ (V_i - \mathrm{Max}P_j > 0)$	0
$V_i < \mathrm{Max}P_j$	0	0

由表 5—7 可知，当 $\mathrm{Max}P_j < V_i''$ 和 $V_i < \mathrm{Max}P_j$ 时，竞争者出价 V_i'' 和 V_i 的收益是一样的，当 $V_i'' < \mathrm{Max}P_j < V_i$ 时，由于此时 $V_i-\mathrm{Max}P_j > 0$，所以竞争者出价 V_i 的收益是强于出价 V_i'' 的，所以竞争者在二价拍卖中出保留价格 V_i 所获得收益弱强于出比保留价格低的价格 V_i''。

综上，在二价拍卖中，竞争者出保留价格 V_i 所获得的收益既弱强于出比保留价格高的价格 V_i'，又弱强于出比保留价格低的价格 V_i''。所以，在二价拍卖中，竞争者的最优价格策略为出自己的保留价格。

（2）N（$N \geq 2$）价拍卖。同质的标的物共有 N-1 个，投标人提交密封的标书给拍卖人，出价最高的前 $N-1$ 位投标人分别得到一个标的物，他们支付的价格是出价第 N 高的投标人出的价格。这种拍卖方式适用于多个同质标的物和多个投标人的拍卖。由于基本的拍卖方式只有一个投标者中标，投标者的数目远大于标的物数目，因此无法得出所有投标者的保留价格。而 N（$N \geq 2$）价拍卖大大提高了投标者的中标率，这就使得每一位竞标者的报价接近真实的保留价格，因为如果投标者的报价高于真实保留价格，则可能会以较高的价格成交；如果投标者的报价低于真实保留价格，则有可能丧失购买标的物的机会。因此，这种拍卖方式能够获得每一位报价者心中对标的物的真实价格。

在 N（$N \geq 2$）价拍卖中，对于任意一位竞争者，假设他的保留价格为 V_i，而除他之外的所有竞争者中出的第 N-1 高价为 Max-P_j^{n-1}，下面讨论这位竞争者的出价与他保留价格的关系。

如果这位竞争者出价 $V_i' > V_i$，那么这位竞争者的收益和出价 V_i 的收益分别为 $W_i(V_i')$ 和 $W_i(V_i)$，则如表5—8所示。

表 5—8　　　　　　　　　竞争者出价收益比较3

	$W_i(V_i)$	$W_i(V_i')$
$\text{Max}P_j^{n-1} < V_i$	$V_i\text{-Max}P_j^{n-1}$	$V_i\text{-Max}P_j^{n-1}$
$V_i < \text{Max}P_j^{n-1} < V_i'$	0	$V_i\text{-Max}P_j^{n-1}$（$V_i\text{-Max}P_j^{n-1} < 0$）
$V_i' < \text{Max}P_j^{n-1}$	0	0

由表5—8可知，当 $\text{Max}P_j^{n-1} < V_i$ 和 $V_i' < \text{Max}P_j^{n-1}$ 时，竞争者出价 V_i' 和 V_i 的收益是一样的，当 $V_i < \text{Max}P_j^{n-1} < V_i'$ 时，由于此时 $V_i\text{-Max}P_j^{n-1} < 0$，所以竞争者出价 V_i 的收益是强于出价 V_i' 的，所以竞争者在 N 价拍卖中出保留价格 V_i 所获得收益弱强于出比保留价格高的价格 V_i'。

如果这位竞争者出价 $V_i'' < V_i$，那么这位竞争者的收益和出价 V_i 的收益分别为 $W_i(V_i'')$ 和 $W_i(V_i)$，则如表5—9所示。

表 5—9　　　　　　　　　竞争者出价收益比较4

	$W_i(V_i)$	$W_i(V_i'')$
$\text{Max}P_j^{n-1} < V_i''$	$V_i\text{-Max}P_j^{n-1}$	$V_i\text{-Max}P_j^{n-1}$
$V_i'' < \text{Max}P_j^{n-1} < V_i$	$V_i\text{-Max}P_j^{n-1}$（$V_i\text{-Max}P_j^{n-1} > 0$）	0
$V_i < \text{Max}P_j^{n-1}$	0	0

由表 5—9 可知，当 $\mathrm{Max}P_j^{n-1} < V_i''$ 和 $V_i < \mathrm{Max}P_j^{n-1}$ 时，竞争者出价 V_i'' 和 V_i 的收益是一样的，当 $V_i'' < \mathrm{Max}P_j^{n-1} < V_i$ 时，由于此时 $V_i - \mathrm{Max}P_j^{n-1} > 0$，所以竞争者出价 V_i 的收益是强于出价 V_i'' 的，所以竞争者在 N 价拍卖中出保留价格 V_i 所获得收益弱强于出比保留价格低的价格 V_i''。

综上，在 N（$N \geqslant 2$）价拍卖中，竞争者出保留价格 V_i 所获得的收益既弱强于出比保留价格高的价格 V_i'，又弱强于出比保留价格低的价格 V_i''。所以，在 N 价拍卖中，竞争者的最优价格策略为出自己的保留价格。

（3）多轮密闭报价方案。多轮密闭报价拍卖中，报价可以进行多轮。在每一轮报价中，投标者为自己想要的标的物密封报价。在每一轮拍卖报价结束后，拍卖师公布标的物的最高报价，直到拍卖轮数达到预先设定的值。多轮密封报价的拍卖方式使得在拍卖过程中，竞拍者之间的信息更加透明，每一位竞拍者得到更加完备的信息，在这种信息结构下每个人可以充分运用所有的替代竞价策略使得收益最大化，同时也达到了更为有效的分配结果。

本书所采用的拍卖机制：为保证转基因和非转基因食品在拍卖时面临相同的预算约束，并且考虑两者之间的替代影响，所以每一组参与拍卖的消费者同时竞拍转基因和非转基因食品。本拍卖的目的之一是找出消费者对于转基因产品和非转基因产品的支付意愿差别，所以每组实验中消费者同时竞拍转基因和非转基因食品。实际上，消费者对两件标的物的出价是自由的，这就意味着该拍卖实际上是两个单独物品拍卖的组合。另外，该拍卖所收集的数据应该尽量显示出每一位竞标者真实的心理价位，或者说是最大支付意愿。

由于在 N（N $\geqslant$ 2）价拍卖中，理性的竞拍者应该出自己的保留价格，而本实验需要测度每一位实验参与者对转基因苹果和非转基因苹果的保留价格，因此，本实验采取 N（N $\geqslant$ 2）价拍卖机制。

多轮密闭报价拍卖能够适应被拍卖物品具有替代性的情况，在整个拍卖期间，随着拍卖价格的升高，某竞拍者的报价被别的竞拍者超过后，在这种拍卖机制下可以转向其他一些当前价格相对较低的替代品；而 N 价拍卖能够准确得知每一位竞标者的真实保留价格，如果投标者的报价高于真实保留价格，则可能会以较高的价格成交；如果投标者的报价低于真实保留价格，则有可能丧失用真实价格购买标的物的机会。所以，本书选取 N（$N \geqslant 2$）价多轮密闭报价拍卖方式作为研究的拍卖机制。

2. 拍卖次数

由于本书选取 N（$N \geqslant 2$）价多轮密闭报价拍卖方式作为研究的拍卖机制，所以实验准备重复做 3 轮，在每一轮拍卖报价结束后，拍卖师公布标的物前 N 高的报价，这使得竞拍者之间的信息更加透明，每一位竞拍者得到更加完备的信息并且通过重复做拍卖使得每一位竞拍者真正熟悉整个拍卖流程。在第 3 轮实验结束的时候，从 3 组实验结果中随机抽出一组作为真实组兑现拍卖。比如说，在写有 1、2、3 三个数字的纸团中，随机抽到了 3，那么，将忽略其他两组实验的结果，而仅仅关注第 3 轮实验的结果，公布在黑板上的第 3 组实验的获胜者（出价前 $N-1$ 高的竞标者）以第 N 高的价格赢得拍卖，购买拍卖的标的物。其余的竞标者将不进行交易。当然，每一组实验被抽中的概率是一样的。

另外，由于每一位竞拍者需要面对两种标的物（转基因苹果和非转基因苹果），为了避免替代效应的影响，将在竞拍者对转基因苹果和非转基因苹果的出价中随机抽取一个真实交易。而最后进入实验数据样本的是所有竞拍者的最后一轮出价。一是因为经历了两轮竞拍后，竞拍者对实验过程更加了解，这样在最后一轮的出价就越理性，越接近保留价格；二是因为经过了前两轮的竞价，竞拍者获取了一定的市场信息，使得他们的出价更加理性。

3. 拍卖对象

为了真实地获得不同政策背景下消费者对转基因食品和非转基因食品的支付意愿，选择合适的实验对象是非常重要的。通常的实验经济学选择的实验对象是大学生，一方面因为大学生的预算约束具有很大的相似性，另一方面大学生的实验成本较低。但是，本实验是研究在不同政策背景下，各种不同类型的消费者对转基因食品的态度，所以，仅仅用大学生作为实验对象会使得样本过于单一。另外，由于大学生住校的缘故，很多大学生可能并不是转基因食品的实际购买者。为了使实验更加贴近市场真实情况，本书的实验对象主要是各城市企事业单位的工作人员以及当地的居民。在模拟实验中，为了方便获取数据，本书选取上海交大闵行校区大二的在校本科生作为模拟实验的拍卖对象。

通常实验选择的实验对象是在固定区域内的，①② 一方面因为方便获取数据，另一方面因为固定区域的实验对象预算约束相似度高，便于更加客观地分析数据。本书选取中国东部、中部、西部的三个城市：上海、平顶山、石河子。每个城市选取 72 个实验对象。主要有以下原因：

一是城市中超市很多，食品种类、品种丰富。城市消费者有较多的机会接触、了解和消费转基因食品。而且本实验选择的标的物是苹果，相对于农村消费者，日常生活中，城市消费者可能更多地消费苹果。

二是城市消费者的个人文化程度较高，能够较好地完成和配合实验。

三是上海是东部发达地区的代表，是中国经济最开放的城市；平顶山是中部地区典型的资源型城市；石河子是西部地区的欠发达城市。选择这 3 个城市的消费者作为实验对象能够反映我国不同地区城市消费者状况。

---

① Martha Augoustinos, Shona Crabb and Richard Shepherd, "Genetically modified food in the news: media representations of the GM debate in the UK", *Public Understanding of Science*, Vol. 98, No. 19, 2010.

② Loureiro, M. L. and S. Hine, "Preferences and willingness to pay for GM labeling policies", *Food Policy*, Vol. 29, No. 5, 2004.

4. 拍卖标的物

本实验选取的拍卖标的物为形状、外观接近的 0.5 公斤转基因苹果和 0.5 公斤非转基因苹果。其中转基因苹果选择了产自新西兰的 "4122" ① 苹果，非转基因苹果选择了国产的陕西红富士苹果，两种苹果的外形、味道相似，一般消费者在没有标识的情况下无法区分。选取两个拍卖标的物主要是想通过实验测度消费者对转基因食品和非转基因食品的支付意愿差异。选取苹果作为转基因食品的代表，一方面是由于苹果是我国的第一大水果，是人们日常消费的最普通的水果之一，许多消费者都在消费苹果；另一方面，市场上存在转基因苹果和非转基因苹果，并且消费者无法从苹果的外观、味道来区分苹果是转基因苹果还是非转基因苹果。

实验环境是执行拍卖前需要慎重考虑的问题。大部分经济学实验是在实验室或教室进行的，这也是因为很多实验的实验对象是学生。但是由于本书的实验对象并不仅仅是学生，而且涉及三个不同的城市，因此，本实验所选取的是实地拍卖。

5. 信息披露

本书试图通过模拟不同的政策环境来测度消费者在不同政策环境下对转基因食品和非转基因食品的支付意愿差异，从而探索消费者在不同转基因食品标识、信息政策下的福利变化。因此，在实验中模拟强制标识和宣传转基因食品、强制标识和不宣传转基因食品、自愿标识和宣传转基因食品、自愿标识和不宣传转基因食品四个维度的转基因食品标识、信息政策环境，来测度消费者在这四种转基因食品标识、信息政策下的真实市场消费行为。因此，在实验中，4 个对照组将同时做实验。

第一组，首先，告诉实验参与者相关监管部门对于转基因苹果的标识制度是自愿标识，拍卖的转基因苹果肯定是含有转基因成分的苹果，而拍卖的非转基因苹果有可能是转基因苹果也有可能是非

---

① 进口水果的 4 位代码标识的第一位是 "4" 代表是转基因水果。

转基因苹果。进行 3 轮拍卖实验，获得实验数据。

第二组，告诉实验参与者相关监管部门对于转基因苹果的标识制度是自愿标识，拍卖的转基因苹果肯定是含有转基因成分的苹果，而拍卖的非转基因苹果有可能是转基因苹果也有可能是非转基因苹果。并且，在拍卖前，披露关于转基因食品的相关信息。主要披露信息包括：世界权威组织对转基因食品安全性的态度，中国政府对转基因食品的政策，其他国家对转基因食品的态度以及转基因食品在成本上与非转基因食品的差异。具体披露信息见附录 2，然后进行 3 轮拍卖实验，获得实验数据。

第三组，告诉消费者相关监管部门对于转基因苹果的标识制度是强制标识制度，因此，实验中拍卖的转基因苹果肯定是含有转基因成分的苹果，拍卖的非转基因苹果一定是不含转基因成分的。进行 3 轮拍卖实验，获得实验数据。

第四组，告诉消费者相关监管部门对于转基因苹果的标识制度是强制标识，因此，实验中拍卖的转基因苹果肯定是含有转基因成分的苹果，拍卖的非转基因苹果一定是不含有任何转基因成分的。并且，在拍卖前，披露关于转基因食品的相关信息（同第二组信息）。然后进行 3 轮拍卖实验，获得实验数据。

（二）模拟实验

一般在正式的实验前会进行小规模尝试性的模拟实验已验证对实验标的物、实验环境、实验步骤、实验机制假设的可行性和合理性。本书在正式实验开始前在上海交通大学闵行校区的本科生中进行了苹果拍卖的模拟实验。拍卖流程如下：

实验对象是上海交通大学闵行校区大二年级一个班级的本科生。实验地点在闵行校区下院的教室。实验对象每 6 人一组，分为 4 组共 24 人参加了实验，4 各个小组的政策环境分别是：

（1）自愿标识、无转基因食品信息宣传。

（2）强制标识、无转基因食品信息宣传。

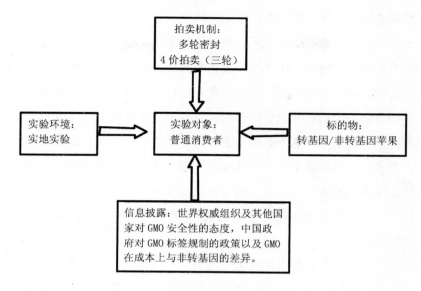

图 5—7　实验要素图

（3）自愿标识、有转基因食品信息宣传。

（4）强制标识、有转基因食品信息宣传。

第（1）和（2）组实验由两个拍卖师在两个教室同时进行，第（1）和（2）组实验结束之后两个拍卖师再同时进行第（3）和（4）组实验。为了确保两个拍卖师分别控制的拍卖提供的信息一致，拍卖师仅宣读事先准备好的实验说明，并不对实验作其他解释。

拍卖的标的物是一只转基因苹果（约 250g）和一只非转基因苹果（约 250g），两只苹果的外观、大小基本一致。拍卖师仅宣读不同组别的不同政策环境下的实验说明，对苹果的市场价格、来源等信息不予解释。

拍卖方式采用多轮密封 4 价拍卖，每组拍卖进行 3 轮，每位实验对象在实验之初拿到 3 张报价单，每一轮出价独立进行。第一轮拍卖结束后，拍卖师将公布第一轮拍卖的所有出价（不公布出价者的代号），指出第一轮拍卖的胜出者以及他们所需要支付的金额；然后进行第二轮拍卖，拍卖师收集第二轮报价单后公布第二轮拍卖的所有出价，指出第二轮拍卖的胜出者以及他们所需要支付的金额；之后进行第三轮拍卖，拍卖师收集第三轮报价单后公布第三轮拍卖的所有出价，指出第三轮拍卖的胜出者以及他们所需要支付的金额；由于每轮出价实验参与者分别对转基因苹果和非转基因苹果出价，三轮出价共有 6 组价格，最后，拍卖师在 6 组出价里面随机抽取一组真实交易，在这组出价前 3 高的出价者将胜出，他们将会获得一只转基因苹果或非转基因苹果（取决于抽签情况），并支付出第 4 高的价格的金额。为了避免实验对象相互交谈，影响实验结果，实验对象被要求在整个实验过程中保持安静并且座位之间有一定间隔。

当每组 6 个竞拍者到达拍卖场所时，会收到一份调查问卷、一份实验说明和 3 张出价单。竞拍者在竞拍结束时要求独立完成调查问卷，拍卖师阅读实验说明后实验正式开始。每个实验对象只允许参加一组拍卖实验，不重复参加实验。每位参加实验的实验对象在实验结束时将会获得 20 元出场费。

三　Logistic 模型分析

通过实验得到了消费者在不同组合政策环境下对转基因苹果和非转基因苹果的出价。国外的许多研究都是假设消费者对外观、味道没有差别的转基因食品的出价低于非转基因食品。[1][2]而本次实验结果却不尽相同，许多参加实验的中国消费者对转基因苹果出价高于非转基因苹果。分析原因可能由于中国消费者对

---

[1]　Jayson L. Lusk, Lisa O. House, Carlotta Valli, Sara R. Jaeger, Melissa Moore, Bert Morrow and W. Bruce Traill, "Consumer welfare effects of introducing and labeling genetically modified food", *Economics Letters Volume*, Vol. 88, No. 3, 2005.

[2]　Alok Anand Ron C., Mittelhammery Jill J., McCluskeyz, "Consumer Response to Information and Second – Generation Genetically Modified Food in India", *Journal of Agricultural & Food Industrial Organization*, Vol. 5, No. 8, 2007.

转基因食品的了解程度低，不知道转基因食品的生产成本低于非转基因食品。那么信息政策的改变和标识政策的改变对消费者对转基因苹果的偏好会有所改变吗？消费者不同支付意愿的影响因素是什么呢？消费者的个人特征、家庭特征对消费者支付意愿的影响显著吗？本节尝试建立影响消费者偏好的消费行为模型来进行实证分析。

（一）模型简介

研究在不同政策环境下，消费者对转基因苹果和非转基因苹果的消费行为差异，需要构造消费者行为模型。因此，消费者行为模型中的解释变量不仅应该包含转基因食品信息政策和转基因食品标识政策，而且应该包括消费者的个人特征（年龄、性别、教育程度、工作性质、购买食品地点）和家庭特征（家庭规模、家庭人均月收入、居住地区）等。所以，模型中既包含很多分类变量，又包含很多数量变量，这种情况下，选用 Logistic 模型能够很好地解决这些问题。

Logistic 分析被广泛地用于因变量以及自变量为分类变量的回归分析中，该方法把分类的因变量通过 Logistic 转换成分类变量的概率比，从而使因变量变为连续的有区间限制的变量。本章研究目的是想了解不同政策环境下消费者对转基因苹果和非转基因苹果的态度差异。因此，定义因变量为两种情况，一是消费者更加喜欢转基因苹果，二是消费者更加喜欢非转基因苹果。这样，在 Logistic 分析中的因变量就只有两种分类。

在经济学理论中，消费者的效用函数为边际收益递减的，Logistic 函数也具备了收益递减的变化性质。经济学理论认为消费者的选择与解释变量的关系往往不是线性的，而是服从边际收益递减规律，而 Logistic 函数具备这样的性质，当自变量较小或较大时，曲线的变化率较小，在曲线的中心点，曲线的变化率较大。因此，Logistic 函数相对线性函数能够更好地模拟消费者消费行为。

把消费者购买转基因苹果和非转基因苹果的效用看作是被调查者个人特征、家庭特征、对转基因食品认知程度、安全认可度和转基因食品标识、信息政策的函数,即 μ =f(个人特征,家庭特征,对转基因食品认知程度,转基因食品安全认可度和转基因食品标识、信息政策),如式 5—1 所示。

$$\mu_{ni} = \beta_{0i} + \beta_{1i}X_{1n} + \beta_{2i}X_{2n} + \cdots + \beta_{ki}X_{kn} + \varepsilon_{ni} \quad (5\text{—}1)$$

该模型是车恩(2002 年)所使用的线性参数随机效用模型。其中,μ_{ni} 是第 n 个被调查者选择 i 个食品的效用,$X_{1n}, X_{2n} \cdots X_{kn}$ 是消费者的消费行为特征(例如性别、年龄等),$\beta_{0i}, \beta_{1i}, \beta_{2i} \cdots \beta_{ki}$ 是估计参数,ε_{ni} 是误差项。

这样第 n 个消费者购买商品 i 的概率为

$$p_n = \frac{1}{1 + \exp\left(-\sum\beta_{ki}X_{kn}\right)} = \frac{\exp\left(\sum\beta_{ki}X_{kn}\right)}{1 + \exp\left(\sum\beta_{ki}X_{kn}\right)} \quad (5\text{—}2)$$

为了进行 Logistic 回归,需要将自变量的线性组合放到等式的一边,通过 Logistic 转换,可以得到概率的函数与自变量之间的线性表达式:

$$\ln\left[\frac{p_n}{1 - p_n}\right] = \sum\beta_{ki}X_{kn} \quad (5\text{—}3)$$

定义因变量为两种情况:一是消费者更加喜欢转基因苹果(消费者对转基因苹果的出价高),事件 1 发生的概率为 p($y=1$);二是消费者更加喜欢非转基因苹果(消费者对非转基因苹果的出价高或者相等),事件 2 发生的概率为 $1-p$($y=0$)。定义事件对数发生比为 π,指对两种事件发生比求自然对数。即:

$$\pi = \ln\left[\frac{p_n}{1 - p_n}\right] = \sum\beta_{ki}X_{kn} \quad (5\text{—}4)$$

经过上述变换,对数发生比可以表示为自变量的线性函数。假设事件发生的概率与自变量的关系服从 Logistic 函数分布。

（二）变量定义

1. 因变量

模型的因变量为消费者对转基因食品和非转基因食品的偏好。由于每个实验的参与竞争者对500g转基因苹果和500g非转基因苹果分别出价，当竞争者对500g转基因苹果的出价大于500g非转基因苹果时，认为消费者更加偏好转基因苹果，定义为1，测算一组观察值；当竞争者对500g非转基因苹果的出价大于500g转基因苹果时，认为消费者更加偏好非转基因苹果，定义为0，测算一组观察值。如果竞争者对500g转基因苹果和500g非转基因苹果出价是一样的，就把该竞争者的选择作为两组观察值。如表5—10所示，样本的均值为0.45。

表5—10　　　　　　　　模型因变量定义及样本均值

因变量	定义	均值
偏好（Y）	对转基因苹果出价高为1，对非转基因苹果出价高为0	0.45

2. 解释变量

本章研究的目的是估计消费者对转基因苹果和非转基因苹果的偏好。根据调查问卷的内容，假设消费者在转基因苹果和非转基因苹果之间进行二元选择的概率是由消费者的个人特征（X_1），消费者的家庭特征（X_2），消费者对转基因食品的认知程度（X_3），消费者对转基因食品安全的认同程度（X_4）和转基因食品标识、信息政策（X_5）决定的，如表5—11所示。

表5—11　　　　　　　　Logistic 模型的解释变量定义

解释变量	定义
X_1	消费者的个人特征
X_2	消费者的家庭特征
X_3	消费者对转基因食品的认知程度

解释变量	定义
X_4	消费者对转基因食品安全的认知程度
X_5	转基因食品标识、信息政策

（1）消费者个人特征。消费者的个人特征包括年龄（X_{11}）、性别（X_{12}）、教育程度（X_{13}）、工作性质（X_{14}）、购买地点（X_{15}）。其中只有年龄为数量变量，性别、教育程度、工作性质、购买地点都是分类变量，设置并定义哑变量 X_{12}、X_{13}、X_{14}、X_{15}，如表5—12所示。

表 5—12　　　　　消费者个人特征变量定义及样本均值

	定义	样本均值
年龄（X_{11}）	被调查者实际年龄	36.03
性别（X_{12}）	女性为1，男性为0	0.56
教育程度（X_{13}）	本科及以上为1，其他为0	0.40
工作性质（X_{14}）	政府及事业单位为1，其他为0	0.14
购买地点（X_{15}）	购买地点有超市为1，没有超市为0	0.86

由表5—12可知，消费者的年龄被定义为消费者的实际年龄的数值，样本均值为36.03。消费者个人特征中包含4个分类变量的定义，对于性别变量，定义女性为1，男性为0，样本均值为0.56；对于教育程度变量，考虑到样本的教育程度偏高，定义本科及以上学历为1，其他教育程度为0，样本均值为0.40；对于工作性质变量，考虑到国内文献研究中政府信任对转基因食品消费行为的影响，[①] 定义在政府和事业单位工作的被调查者为1，其他为0，样本均值为0.14；对于经常购买食品地点变量，定义选择超市的

---

① 仇焕广、黄季焜等：《政府信任对消费者行为的影响研究》，《经济研究》2007年第6期。

被调查者为 1，没有选择超市的被调查者为 0，样本均值为 0.86。

（2）消费者家庭特征。消费者的家庭特征包括家庭规模（X_{21}）、家庭人均月收入（X_{22}）、居住地区（X_{23}）。其中家庭规模和家庭人均月收入为数量变量，居住地区为分类变量，如表 5—13 所示。

表 5—13　　　　　　　消费者家庭特征变量定义及样本均值

	定义	样本均值
家庭规模（X_{21}）	被调查者的实际家庭规模	3.30
家庭人均月收入（X_{22}）	被调查者的实际家庭人均月收入	3156.27
居住地区（X_{23}）	市区为 1，郊区为 0	0.82

由表 5—13 可知，家庭规模被定义为被调查者实际家庭人口数目，样本均值为 3.30；家庭人均月收入被定义为被调查者的实际家庭人均月收入，样本均值为 3156.27，大于 2010 年全国城镇居民人均月收入；对于分类变量居住地区，定义居住在市区为 1，居住在郊区为 0，样本均值为 0.82。

（3）消费者对转基因食品认知程度。关于消费者对转基因食品的认知程度（X_3），在调查问卷中共包括以下 3 个问题：

a. 在这次调查前，您听说过转基因食品吗？

b. 如果您听说过转基因食品，那您购买过转基因食品吗？

c. 据您所知，目前的市场上有转基因食品的销售吗？

对于问题 a 共有"非常熟悉"、"仅仅听说"、"不太了解"和"没听说过"四个选项。被调查者选择"非常熟悉"或"仅仅听说"说明对转基因食品了解程度较高，定义为 1；选择"不太了解"或"没听说过"说明对转基因食品的了解程度较低，定义为 0。

对于问题 b 共有"经常购买"、"偶尔购买"、"没有购买"和"不知道是否购买过"四个选项。被调查者选择"经常购买"或"偶尔购买"说明对转基因食品了解程度较高，定义为 1；选择

"没有购买"或"不知道是否购买过"说明对转基因食品的了解程度较低,定义为0。

对于问题c共有"有"、"没有"和"不知道"三个选项。被调查者选择"有"说明对转基因食品了解程度较高,定义为1;选择"没有"或"不知道"说明对转基因食品的了解程度较低,定义为0。

然后,把被调查者在以上三个问题选择的定义值相加,这样,消费者对转基因食品的认知程度被分为四类:0、1、2、3。0代表被调查者在上述三个问题中被定义的值都是0,对转基因食品的了解程度最低;1代表被调查者在上述三个问题中被定义的值中有一个是1,其他两个是0,对转基因食品的了解程度较低;2代表被调查者在上述三个问题中被定义的值中有一个是0,其他两个是1,对转基因食品的了解程度较高;3代表被调查者在上述三个问题中被定义的值都是1,对转基因食品的了解程度最高,如表5—14所示。

表5—14　　　　消费者对转基因食品认知程度定义及样本均值

	定义	样本均值
认知程度（X_3）	根据被调查者对转基因食品认知程度分为0、1、2、3四种情况,0为最不了解,3为最了解	1.46

由表5—14可知,被调查者对转基因食品认知程度被定义为哑变量,按照认知程度的高低分为四类:3、2、1、0。其中3代表被调查者对转基因食品的认知程度最高,0代表被调查者对转基因食品的认知程度最低。另外,被调查者对转基因食品认知程度的样本均值为1.46。

（4）消费者对转基因食品安全认同。关于消费者对转基因食品安全的认可度（X_4）,在调查问卷中共包括以下4个问题:

a. 有人认为"如果一个人食用了转基因食品,他的基因也将被改变，所以不能食用转基因食品"，您认为这个说法正确吗？

b. 就您目前所掌握的知识和信息，您认为转基因食品对人体健康有危害吗？

c. 有些人认为，在传统食品的生产和加工过程中有大量使用化肥、农药、食品添加剂等。传统食品在生产加工中可以避免这些物质，所以转基因食品比传统食品安全。对这种说法，您认为正确吗？

d. 有些人认为，转基因食品在生产过程中，改变了动植物的基因，而传统食品的原料都是几千年来人们所习惯的动植物。所以传统食品比转基因食品安全。对于这种说法，您认为正确吗？

对于问题 a 共有"正确"、"不正确"和"不知道"3 个选项。被调查者选择"不正确"说明对转基因食品安全认可度较高，定义为 1；选择"正确"或"不知道"说明对转基因食品安全认可度较低，定义为 0。

对于问题 b 共有"有危害"、"没有危害"和"不知道"3 个选项。被调查者选择"没有危害"说明对转基因食品安全认可度较高，定义为 1；选择"有危害"或"不知道"说明对转基因食品安全认可度较低，定义为 0。

对于问题 c 共有"正确"、"错误"和"不清楚"3 个选项。被调查者选择"正确"说明对转基因食品安全认可度较高，定义为 1；选择"错误"或"不清楚"说明对转基因食品安全认可度较低，定义为 0。

对于问题 d 共有"正确"、"错误"和"不清楚"3 个选项。被调查者选择"错误"说明对转基因食品安全认可度较高，定义为 1；选择"正确"或"不清楚"说明对转基因食品安全认可度较低，定义为 0。

然后，把被调查者在以上四个问题选择的定义值相加，这样，消费者对转基因食品的认知程度被分为 5 类：0、1、2、3、4。0 代表被调查者在上述四个问题中被定义的值都是 0，对转基因食品安全认可度最低；1 代表被调查者在上述四个问题中被定义的值中有一个是 1，其他三个是 0，对转基因食品安全认可度较低；2 代表被调查者在上述 4 个问题中被定义的值中有两个是 0，其他两个是 1，对转基因食品安全认可度适中；3 代表被调查者在上述 4 个问题中有三个被定义的值是 1，另外一个是 0，对转基因食品安全认可度较高；4 代表被调查者上述四个问题被定义的值都是 1，对转基因食品安全认可度最高，如表 5—15 所示。

表 5—15　　消费者对转基因食品安全认可度定义及样本均值

	定义	样本均值
安全认可度（X_4）	根据被调查者对转基因食品安全认可度高低分为 4、3、2、1、0 五种情况，4 为认为转基因食品最安全，0 为认为转基因食品最不安全	1.24

由表 5—15 可知，被调查者对转基因食品安全认可度被定义为哑变量，按照安全认可度的高低分为五类：4、3、2、1、0。其中 4 代表被调查者对转基因食品安全认可度最高，0 代表被调查者对转基因食品安全认可度最低。另外，被调查者对转基因食品安全认可度样本均值为 1.24。

（5）转基因食品标识、信息政策。转基因食品标识、信息政策（X_5）包括转基因食品信息政策（X_{51}）和转基因食品标识政策（X_{52}），由于这两种政策都是分类变量，因此设置并定义哑变量如表 5—16 所示。

表 5—16　　转基因食品标识、信息政策变量定义及样本均值

	定义	样本均值
信息政策（X_{51}）	有信息为 1，无信息为 0	0.51
标识政策（X_{52}）	强制标识政策为 1，自愿标识政策为 0	0.49

由表 5—16 可知，两种政策变量被定义为二分类哑变量。对于转基因食品信息政策，有信息政策被定义为 1，无信息政策被定义为 0，样本均值为 0.51；对于转基因食品标识政策，强制标识政策被定义为 1，自愿标识政策被定义为 0，样本均值为 0.49。

至此，消费者的个人特征（X_1），消费者的家庭特征（X_2），消费者对转基因食品的认知程度（X_3），消费者对转基因食品安全的认同程度（X_4）和转基因食品标识、信息政策（X_5）五个解释变量全部定义完毕。其中 X_1 包括年龄（X_{11}）、性别（X_{12}）、教育程度（X_{13}）、工作性质（X_{14}）、购买地点（X_{15}）5 个变量；（X_2）包括家庭规模（X_{21}）、家庭人均月收入（X_{22}）、居住地区（X_{23}）3 个变量；（X_5）包括转基因食品信息政策（X_{51}）和转基因食品标识政策（X_{52}）2 个变量。因此，该 logistic 函数共包括 12 个解释变量，1 个因变量 Y，如表 5—17 所示。

表 5—17　　　　　　　　　模型变量定义及样本均值

变量名	定义	均值
消费者个人特征		
年龄（X_{11}）	被调查者实际年龄	35.74
性别（X_{12}）	女性为 1，男性为 0	0.55
教育程度（X_{13}）	本科及以上为 1，其他为 0	0.41
工作性质（X_{14}）	政府及事业单位为 1，其他为 0	0.14
购买地点（X_{15}）	购买地点有超市为 1，没有超市为 0	0.86
消费者家庭特征		
家庭规模（X_{21}）	被调查者的实际家庭规模	3.25
家庭人均月收入（X_{22}）	被调查者的实际家庭人均月收入	3156.27
居住地区（X_{23}）	市区为 1，郊区为 0	0.82
消费者对转基因食品的认知程度		

变量名	定义	均值
消费者对转基因食品的认知程度		
认知程度（X_3）	根据被调查者对转基因食品认知程度分为0、1、2、3四种情况，0为最不了解，3为最了解	1.53
消费者对转基因食品安全认可度		
安全认可度（X_4）	根据被调查者对转基因食品安全认可度高低分为4、3、2、1、0五种情况，4为认为转基因食品最安全，0为认为转基因食品最不安全	1.27
转基因食品标识、信息政策		
信息政策（X_{51}）	有信息为1，无信息为0	0.52
标识政策（X_{52}）	强制标识政策为1，自愿标识政策为0	0.47
因变量		
偏好（Y）	对转基因苹果出价高为1，对非转基因苹果出价高为0	0.45

（三）样本选取

模型共定义了12个解释变量，12个解释变量的数据是通过实验参加者实验后的调查问卷获得的。共发放了216份问卷，对用于估计12个解释变量的问题全部做出有效回答的共188份问卷，因此，该模型的解释变量数据来源为这188份调查问卷。而模型的因变量是消费者对转基因食品和非转基因食品的偏好，由于把模型的因变量分为两类（0和1），因此，当竞争者对转基因苹果和非转基因苹果出价相同时，把该竞争者的选择作为两组观察值。整理数据可知，共15个竞争者对转基因苹果和非转基因苹果的出价相同。这15个竞争者的选择将分别作为偏好转基因苹果和偏好非转基因苹果两组数据进入数据样本，因此样本共有 203 个。

由于该 Logistic 函数共定义 12 个解释变量，为了进行 Logistic 回归，首先对 12 个自变量进行 Pearson 相关性分析，结果如表 5—18 所示。

由表 5—18 可以看出，相关系数显著性水平在 0.01 的变量有年龄和教育程度、年龄和工作性质、年龄和购买地点、年龄和家庭人均月收入、年龄和认知程度、家庭人均月收入和教育程度、教育程度和认知程度、家庭规模和认知程度、家庭人均月收入和认知程度、认知程度和安全认可度。年龄和教育程度存在显著的负相关关系，说明被实验参与者年龄越小，受到本科教育的越多，这可能与近年来我国高等教育普及的因素有关。年龄和购买地点存在显著的负相关关系，说明年龄越大的被调查者在超市购买食品的概率越小，由于超市是新型食品购买场所，年轻人可能更喜欢去超市购物。年龄和家庭人均月收入存在显著的负相关关系，可能由于上海的被调查者年龄偏小，而上海的收入水平高于河南和新疆地区。家庭人均月收入和教育程度存在显著的正相关关系，随着被调查者的教育程度提高，家庭人均月收入增加，这与我们通常的观念一致。教育程度和认知程度存在显著的正相关关系，说明随着被调查者教育程度的提高，对转基因食品的认知程度增加。家庭规模与认知程度存在显著的负相关关系，说明家庭规模越大，越不了解转基因食品，可能由于家庭规模大的被调查者往往年龄较大，受教育程度较低，因此不了解转基因食品。家庭人均月收入和认知程度存在显著的正相关关系，说明家庭人均月收入高的被调查者受教育程度越高，因此对转基因食品的认知程度较高。认知程度和安全认可度存在显著的正相关关系，说明被调查者对转基因食品的认知程度越高，对转基因食品的安全认可度越高。

实验参与者相关系数显著性水平在 0.05 的变量有年龄与家庭规模、年龄与居住地区、年龄与安全认可度、性别与教育程度、教育程度与购买地点、教育程度与安全认可度，工作性质与家庭规

表5—18　解释变量相关性分析

	年龄	性别	教育程度	工作性质	购买地点	家庭规模	家庭人均月收入	居住地区	认知程度	安全认可度	信息政策	标识政策
年龄	1.00											
性别	.05	1.00										
教育程度	-.41**	-.16*	1.00									
工作性质	.22**	.08	-.05	1.00								
购买地点	-.22**	.09	.16*	.07	1.00							
家庭规模	.16*	-.01	-.07	-.12*	-.07	1.00						
家庭人均收入	-0.30**	-0.01	.38**	-.06	.13	-.17*	1.00					
居住地区	.15*	-.03	-.13	-.14*	.13	-.13	-.17*	1.00				
认知程度	-.23**	-.01	.23**	.15*	.01	-.18**	.24**	-.10	1.00			
安全认可度	-.17*	-.02	.15*	-.08	-.01	-.02	.08	-.09	.20**	1.00		
信息政策	.074	-.09	-.13	.01	-.06	.02	-.00	.02	-.04	-.01	1.00	
标识政策	-.027	.12	.04	.05	.01	-.04	-.01	-.09	-.06	-.06	-.05	1.00

注：** 显著性水平0.01，* 显著性水平0.05

模、工作性质与居住地区、工作性质与认知程度、家庭规模与家庭
人均月收入、家庭人均月收入与居住地区。

由于不清楚解释变量与因变量的 Logistic 回归结果是否显著，
因此，本书先把所有变量全部加入模型，再剔除不显著的解释变量
和相关性程度高的解释变量。

（四）结果分析

表 5—19 所示是使用所有变量对消费者对转基因食品和非转基
因食品偏好的回归结果。

表 5—19　　　　　　　　所有变量回归时的模型参数估计

	系数	标准化系数	Wald 检验	显著性	OR 值	95.0% 置信区间	
						下限	上限
年龄	-.001	.015	.010	.922	.999	.969	1.029
性别	.020	.314	.004	.950	1.020	.551	1.889
教育程度	-.023	.366	.004	.950	.977	.477	2.003
工作性质	-.079	.480	.027	.869	.924	.360	2.368
购买地点	.164	.460	.128	.721	1.179	.479	2.902
家庭规模	.203	.133	2.322	.128	1.225	.944	1.590
家庭人均月收入	.000	.000	.000	.986	1.000	1.000	1.000
居住地区	.063	.420	.023	.880	1.065	.468	2.424
认知	-.264	.151	3.040	.081	.768	.571	1.033
安全认可度	.370	.145	6.493	.011	1.448	1.089	1.926
信息	-.912	.308	8.787	.003	.402	.220	.734
标签	-.271	.207	3.178	.067	.763	.581	1.004
常数	-.570	1.063	.288	.591	.565		

分析表 5—19 可知，被调查者的年龄、性别、教育程度、工作
性质、购买地点、家庭人均月收入、居住地区 7 个解释变量的回归

结果都不显著，说明消费者对转基因食品和非转基因食品的偏好对上述几个变量反应不敏感。因此在剔除上述几个变量后，又进行了一次回归，其结果如表5—20所示。

表 5—20　　　　　　　剔除不显著变量后回归的模型参数估计

	系数	标准化系数	Wald 检验	显著性	OR 值	95.0% 置信区间	
						下限	上限
家庭规模	.196	.126	2.405	.121	1.216	.950	1.558
认知	-.271	.142	3.625	.057	.763	.577	1.008
安全	.373	.143	6.787	.009	1.452	1.097	1.923
信息	-.919	.303	9.201	.002	.399	.220	.722
标签	-.289	.301	4.201	.054	.749	.584	1.006
常数	-.406	.580	.491	.484	.666		
R^2	0.100	R^2	0.134	x^2	37.176	Sig.	0.018

　　由表5—20检验结果可知，尽管回归拟合不是特别完美，但是在可接受的范围之内。

　　由于因变量和部分解释变量是分类变量，因此，Logistic 回归模型中的系数只反映变化的方向而不反映变化的大小，因此本章只讨论解释变量变化影响消费者对转基因苹果和非转基因苹果偏好的选择而不讨论偏好的程度。在12个解释变量中，对转基因食品的认知程度、安全认可度、信息政策和标识政策的显著性水平最高。其中认知程度和偏好存在显著的负相关关系，这个结果可能与国内大多数研究结果不同，国内大多数研究表明对转基因食品知识越多，对转基因食品的接受程度就越高。[①] 由于本章定义的对转基因食品偏好是对转基因苹果的支付意愿大于非转基因苹果支付意愿，对转基因食品偏好定义为对转基因苹果的出价高，而并不是对转基

---

　　① 仇焕广、黄季焜等：《政府信任对消费者行为的影响研究》，《经济研究》2007年第6期。

因食品的接受程度。因此，对转基因食品认知程度高的被调查者可能了解转基因食品的生产成本小于非转基因食品，对转基因食品的出价较低，使得认知程度和偏好存在显著的负相关关系。

由表5—20可知，安全认可度与偏好之间存在显著的正相关关系，说明被调查者对转基因食品的安全认可度越高，越偏好转基因食品。这印证了我们之前的想法。

关于转基因食品标识、信息政策与偏好的关系，如表5—20所示。信息政策与偏好是显著的负相关关系，说明有信息时，消费者更加偏好非转基因食品。回顾实验过程中的信息发布内容可以发现，主要有两个原因：一是发布的信息中明确告诉实验参与者转基因食品的生产成本比传统食品低40%左右，这样实验参与者可能对转基因苹果的出价低，对非转基因苹果的出价高；二是发布的信息中表明转基因食品有可能对人体健康产生非预期后果，这样实验参与者可能出于对自己安全的考虑避免消费转基因食品，对转基因苹果的出价降低。所以，信息政策与偏好存在显著的负相关关系。标识政策与偏好也是显著的负相关关系，说明在强制标识政策下消费者更加偏好非转基因苹果，而在自愿标识政策下，消费者比较偏好转基因苹果。究其原因，可能是由于消费者认为强制标识增加了非转基因苹果的成本，对转基因苹果出更高的价格。

显著性较高的解释变量还有家庭规模，表5—20显示，家庭规模与偏好存在显著的正相关关系，说明家庭规模越大的被调查者越偏好转基因食品。由相关性系数矩阵，即表5—18可知，家庭规模与认知水平显著负相关，说明被调查者家庭规模越大，对转基因食品认知水平越低，那么由以上分析可知，对转基因食品就越偏好。

综上，被调查者对转基因苹果的偏好与被调查者的年龄、性别、教育程度、工作性质、购买地点、家庭人均月收入、居住地区7个解释变量的关系并不显著，与被调查者家庭规模、转基因食品安全认可度之间存在显著的正相关关系，与转基因食品认知程度、转基因食品信息政策和转基因食品标识政策存在显著的负相关关系。

　　通过以上分析，可以得出转基因食品标识、信息政策与消费者偏好转基因食品的关系：转基因食品标识、信息政策对消费者对转基因食品偏好的影响显著，有信息时，消费者更加偏好非转基因食品，无信息时，消费者更加偏好转基因食品；强制标识政策下，消费者更加偏好非转基因食品，自愿标识政策下，消费者更加偏好转基因食品。

小　　结

　　本章对调查问卷结果进行了分析，介绍经济学实验的选择和执行过程，然后建立消费者消费行为 Logistic 模型，运用调查问卷和实验数据进行实证分析。分析结果显示，被调查者的年龄、性别、教育程度、工作性质、购买地点、家庭人均月收入、居住地区 7 个解释变量对回归结果都不十分显著，说明消费者对转基因食品和非转基因食品的偏好对上述几个变量反应不敏感。因此在剔除上述几个变量后，又进行了一次回归得出结论，家庭规模对转基因食品安全认可度与消费者对转基因苹果的偏好存在显著的正相关关系，消费者对转基因食品的认知程度、标识政策和信息政策与消费者对转基因苹果的偏好存在显著的负相关关系。因此，可以得出转基因食品标识、信息政策与消费者对转基因食品偏好的关系：转基因食品标识、信息政策显著影响消费者对转基因食品偏好，有信息时，消费者更加偏好非转基因食品，无信息时，消费者更加偏好转基因食品；强制标识政策下，消费者更加偏好非转基因食品，自愿标识政策下，消费者更加偏好转基因食品。

　　由于信息政策和标识政策与消费者对转基因食品偏好存在显著的负相关关系，下一章将在本章的基础上进一步分析，尝试利用非参数检验的方法探索不同政策对消费者福利的影响。

第六章 转基因食品标识与信息政策对消费者福利影响:基于实验经济学分析

既然信息政策和标识政策与消费者对转基因食品偏好存在显著的负相关关系,那么消费者在两种转基因食品标识、信息政策下的福利会有什么变化呢? 本章利用非参数检验方法分析实验数据,探索不同政策对消费者福利的影响。

一 模型计量估计方法

非参数检验是在总体不服从正态分布且分布情况不明时,用来检验数据资料是否来自同一个总体假设的检验方法。这种方法因其一般不涉及总体参数而得名。与参数检验相比,非参数检验有以下优点:一是非参数检验既能适用于定名测定资料(如满意和不满意、好与坏、美与丑、优良品与不良品),也能适用于定距测定和定比测定资料。因此,非参数统计方法不但可以对现象进行定量的分析和研究,而且还能对现实生活中无法用数值大小加以精度测度的人的才能、爱好等进行分析研究;二是非参数检验计算简便,容易理解,不必考虑数据的排列数序;三是非参数统计方法不需要像参数统计方法那样假定总体的分布是正态的,也不需要检验总体的参数，使得条件容易得到满足。[①]

基于非参数检验的特点，由于本项研究要处理的数据来自总体分布不明的两个不相关的样本，而且需要对两个不同的样本进行比较，所以采用非参数检验中的曼—惠特尼 U 检验（Mann – Whitney U）。

曼—惠特尼 U 检验的步骤为：[②]

（1）提出假设：H_0：两个样本没有显著差异。

H_1：两个样本有显著差异。

（2）计算检验统计量的值：计算两个样本的 T_A 和 T_B，根据 T_A 和 T_B 可给出曼—惠特尼 U 检验的公式。

$$U_A = n_1 n_2 + n_1 (n_1 + 1) /2 - T_A$$
$$U_B = n_1 n_2 + n_2 (n_2 + 1) /2 - T_B$$
$$U_A + U_B = n_1 n_2$$

检验时，我们用较小的 U 值作为检验统计量。

（3）若 U 大于 U_a，接受原假设 H_0；若 U 小于 U_a，则拒绝 H_0，接受 H_1。

（4）当两个样本容量增大时，统计证明，对大样本（$n_1 > 10$，$n_2 > 10$）的曼—惠特尼 U 检验，其抽样分布接近于正态分布，均值和标准差分别为：

$$\mu_u = \frac{n_1 n_2}{2}, \ \sigma_u = \sqrt{\frac{n_1 n_2 (n_1 + n_2 + 1)}{12}}$$

$$Z = \frac{U - \mu_u}{\sigma_u} = \frac{U - (n_1 n_2 /2)}{\sqrt{n_1 n_2 (n_1 + n_2 + 1)/12}}$$

在假定显著性水平 α 值的情况下：当双侧检验时，若 $Z > Z_{\alpha/2}$ 或 $Z \leqslant - Z_{\alpha/2}$，就拒绝原假设 H_0；当右侧检验时，若 $Z > Z_\alpha$，就拒绝原假设 H_0；左侧检验时，若 $Z \leqslant - Z_\alpha$，就拒绝原假设 H_0。

① 徐国祥、刘汉良、孙允午等：《统计学》，上海财经大学出版社 2001 年版。
② 徐国祥、刘汉良：《统计学》，上海财经大学出版社 2005 年版。

二　模拟实验

（一）模拟实验数据描述

模拟实验中实验对象每 6 人一组，分为 4 组共 24 人参加实验，4 个小组的政策环境分别是：

（1）自愿标识、无转基因食品信息宣传。

（2）强制标识、无转基因食品信息宣传。

（3）自愿标识、有转基因食品信息宣传。

（4）强制标识、有转基因食品信息宣传。

模拟实验中 4 个小组的实验结果如表 6—1 至表 6—4 所示。

表 6—1　　　　　　　　　　　　第（1）组实验结果

	#1	#2	#3	#4	#5	#6
非转基因苹果（元）	2.40	2.10	1.60	3.00	3.50	2.00
转基因苹果（元）	1.80	1.80	2.00	2.50	2.50	2.00

表 6—1 显示，在第（1）组拍卖中，对于非转基因苹果，出价最高的是 3.5 元，最低的是 1.6 元，均值为 2.43，方差为 0.49；对于转基因苹果，出价最高的是 2.5 元，最低的是 1.8 元，均值为 2.1，方差为 0.10。

表 6—2　　　　　　　　　　　　第（2）组实验结果

	#1	#2	#3	#4	#5	#6
非转基因苹果（元）	1.60	2.00	2.60	2.50	2.50	1.50
转基因苹果（元）	1.00	1.80	1.50	1.00	1.20	1.70

表 6—2 显示，在第（2）组拍卖中，对于非转基因苹果，出价最高的是 2.6 元，最低的是 1.5 元，均值为 2.11，方差为 0.23；对于转基因苹果，出价最高的是 1.8 元，最低的是 1 元，均值为

1. 36，方差为 0. 12。

表 6—3 第 （3） 组实验结果

	#1	#2	#3	#4	#5	#6
非转基因苹果 （元）	2.00	2.00	2.00	4.00	4.00	2.00
转基因苹果 （元）	2.00	3.50	2.50	4.50	4.00	2.00

表 6—3 显示，在第 （3） 组拍卖中，对于非转基因苹果，出价最高的是 4 元，最低的是 2 元，均值为 2.66，方差为 1.60；对于转基因苹果，出价最高的是 4.5 元，最低的是 2 元，均值为 3.08，方差为 1.14。

表 6—4 第 （4） 组实验结果

	#1	#2	#3	#4	#5	#6
非转基因苹果 （元）	2.20	2.30	2.50	2.80	2.30	2.50
转基因苹果 （元）	1.80	2.50	2.90	3.50	2.00	2.00

在第 （4） 组拍卖中，对于非转基因苹果，出价最高的是 2.8 元，最低的是 2.2 元，均值为 2.43，方差为 0.05；对于转基因苹果，出价最高的是 3.5 元，最低的是 1.8 元，均值为 2.45，方差为 0.43。

综上，四种政策环境下消费者出价均值如表 6—5 所示。

表 6—5 四种政策环境下消费者出价均值的比较

	（1）	（2）	（3）	（4）
非转基因苹果 （元）	2.43	2.11	2.66	2.43
转基因苹果 （元）	2.10	1.36	3.08	2.45

（二） 模拟实验数据分析

为了比较两种政策分别对消费者出价的影响，需要固定一种政策，比较另一种政策的影响。这样，共有 8 个维度的比较，如表

6—6 所示。

表 6—6　　　　转基因食品标识、信息政策对消费者影响比较

		变量 1	变量 2
信息政策对于消费者出价的影响			
自愿标识	非转基因苹果	无信息（1）	有信息（3）
自愿标识	转基因苹果	无信息（1）	有信息（3）
强制标识	非转基因苹果	无信息（2）	有信息（4）
强制标识	转基因苹果	无信息（2）	有信息（4）
标识政策对于消费者出价的影响			
无信息	非转基因苹果	自愿标识（1）	强制标识（2）
无信息	转基因苹果	自愿标识（1）	强制标识（2）
有信息	非转基因苹果	自愿标识（3）	强制标识（4）
有信息	转基因苹果	自愿标识（3）	强制标识（4）

不同信息政策对消费者出价的影响：

一是第（1）和（3）组在自愿标识政策下，无信息和有信息时消费者对非转基因苹果的出价。

二是第（1）和（3）组在自愿标识政策下，无信息和有信息时消费者对转基因苹果的出价。

三是第（2）和（4）组在强制标识政策下，无信息和有信息时消费者对非转基因苹果的出价。

四是第（2）和（4）组在强制标识政策下，无信息和有信息时消费者对转基因苹果的出价。

不同标识政策对消费者出价影响：

一是第（1）和（2）组在无信息时，自愿标识和强制标识政策下消费者对非转基因苹果的出价。

二是第（1）和（2）组在无信息时，自愿标识和强制标识政策下消费者对转基因苹果的出价。

三是第（3）和（4）组在有信息时，自愿标识和强制标识政

策下消费者对非转基因苹果的出价。

四是第（3）和（4）组在有信息时，自愿标识和强制标识政策下消费者对转基因苹果的出价。

使用 SPSS13 软件对数据进行曼—惠特尼 U 检验。

1. 信息政策的影响

首先，比较信息对于消费者出价的影响。第（1）和（3）组是在自愿标识政策下，无信息和有信息时消费者的出价如表 6—7 所示；第（2）和（4）组是在强制标识政策下，无信息和有信息时消费者的出价如表 6—8 所示。

表 6—7　　　　　　　第（1）和（3）组出价比较

		Mean Rank	Sum of Ranks	Mann – Whitney U	Z	Asymp. Sig. (2 – tailed)	Exact Sig. [2*(1 – tailed Sig.)]
非转基因苹果	（1）	6.50	39.00	18.00	0.00	1.00	1.00
	（3）	6.50	39.00				
转基因苹果	（1）	4.67	28.00	7.00	– 1.8	0.07	0.09
	（3）	8.33	50.00				

这是双侧检验。由于两组数据样本数量都是 6，属于小样本数据，只需比较 U 值。设定显著性水平 $\alpha = 0.05$，查表[①]可知 U 的临界值 $U_\alpha = 5$，表 6—7 所示为 U = 18 > 5，故接受 H_0，即在自愿标识政策下，有信息和无信息消费者对非转基因苹果的出价是没有显著差异的。

对于转基因苹果，表 6—7 所示为 U = 7 > 5，故接受 H_0，即在自愿标识政策下，有信息和无信息消费者对转基因苹果的出价是没有显著差异的。

---

① 徐国祥、刘汉良：《统计学》，上海财经大学出版社 2005 年版。

表 6—8　　　　　　　第（2）和（4）组出价比较

		Mean Rank	Sum of Ranks	Mann – Whitney U	Z	Asymp. Sig. (2 – tailed)	Exact Sig. [2* (1 – tailed Sig.)]
非转基因苹果	（2）	5. 67	34. 00	13. 00	– 0. 82	0. 41	0. 48
	（4）	7. 33	44. 00				
转基因苹果	（2）	3. 58	21. 5	0. 50	– 2. 82	0. 05	0. 02
	（4）	9. 42	56. 5				

对于非转基因苹果，表 6—8 所示为 U = 13 > 5，故接受 H_0，即在强制标识政策下，有信息和无信息消费者对非转基因苹果的出价是没有显著差异的。

对于转基因苹果，表 6—8 所示为 U = 0.5 < 5，故拒绝 H_0，即在强制标识政策下，有信息和无信息消费者对转基因苹果的出价是有显著差异的。假定显著性水平 $\alpha = 0.05$，近似 p 值为 0.05，由于确切概率为 0.02 小于 0.05，第（4）组出价的平均秩次和秩次和大于第（2）组，所以第（4）组出价大于第（2）组是有统计学意义的。即强制标识政策下，有信息时消费者的出价比无信息时要低。

通过固定标识政策比较信息对消费者福利的影响可知，自愿标识政策下，有信息和无信息时消费者对非转基因苹果和转基因苹果的出价没有显著差别；在强制标识政策下，有信息和无信息时消费者对于非转基因苹果的出价也没有显著差别，但是对于转基因苹果，有信息时消费者的出价比无信息时的出价要低。由于实验测度是消费者的保留价格，有信息时，消费者在对于非转基因苹果的保留价格不变的情况下，对转基因苹果的保留价格会降低，根据第五章的分析，有信息时，消费者的福利会提高。

2. 标识政策的影响

比较转基因食品标识政策对于消费者出价的影响。第（1）和（2）组是在无信息情况下，自愿标识和强制标识消费者的出价如表6—9所示。第（3）和（4）组是在有信息情况下，自愿标识和强制标识消费者的出价如表6—10所示。

表6—9   第（1）和（2）组出价比较

		Mean Rank	Sum of Ranks	Mann – Whitney U	Z	Asymp. Sig. (2 – tailed)	Exact Sig. [2*(1 – tailed Sig.)]
非转基因苹果	（1）	7. 17	43. 00	14. 00	- 0. 64	0. 52	0. 58
	（2）	5. 83	35. 00				
转基因苹果	（1）	9. 33	56. 00	1. 00	- 2. 75	0. 01	0. 00
	（2）	3. 67	22. 00				

对于非转基因苹果，表6—9所示为 U = 14 > 5，故接受 H_0，即在无信息时，自愿标识和强制标识政策下消费者对非转基因苹果的出价是没有显著差异的。

对于转基因苹果，表6—9所示为 U = 1 < 5，故拒绝 H_0，即在无信息时，自愿标识政策和强制标识政策下消费者对转基因苹果的出价是有显著差异的。假定显著性水平 α = 0.05，近似 p 值为 0.05，由于确切概率为 0.00 远小于 0.05，第（2）组出价的平均秩次和秩次和小于第（1）组，所以第（1）组出价大于第（2）组是有统计学意义的。即第（1）组出价显著大于第（2）组，在无信息时，自愿标识政策下消费者的出价比强制标识政策高。

表 6—10　　　　　　　第（3）和（4）组出价比较

		Mean Rank	Sum of Ranks	Mann - Whitney U	Z	Asymp. Sig.（2 - tailed）	Exact Sig. [2*(1 - tailed Sig.)]
非转基因苹果	（3）	5.50	33.00	12.00	-0.98	0.33	0.39
	（4）	7.50	45.00				
转基因苹果	（3）	7.67	46.00	11.00	-1.14	0.25	0.31
	（4）	5.33	32.00				

对于非转基因苹果，表 6—10 所示为 U = 12 > 5，故接受 H_0，即在有信息时，自愿标识政策和强制标识政策下消费者对非转基因苹果的出价是没有显著差异的。

对于转基因苹果，表 6—10 所示为 U = 11 > 5，故接受 H_0，即在有信息时，自愿标识政策和强制标识政策下消费者对转基因苹果的出价是没有显著差异的。

通过固定信息政策比较不同标识政策对消费者福利的影响可知，有信息时，自愿标识和强制标识政策下消费者对非转基因苹果和转基因苹果的出价没有显著差别；在无信息时，自愿标识和强制标识政策下消费者对于非转基因苹果的出价也没有显著差别，但是对于转基因苹果，自愿标识时消费者的出价明显比强制标识政策时的出价要高。由于实验测度的是消费者的保留价格，强制标识政策下，消费者对于非转基因苹果的保留价格不变的情况下，对转基因苹果的保留价格降低，这说明消费者的福利在强制标识时比自愿标识要低。这与第五章的分析结果并不一致。通过观察，第（2）组的出价明显低于其他组，观察三轮出价，第（2）组中有竞争者出价 0.5 元，出价 1 元明显背离了苹果的市场价格。实验后得知，第（2）组中一些参与者并不经常消费苹果，并不知道苹果的市场价格。

（三）实验改进

通过模拟实验，对实验步骤做了以下改进：

（1）在实验招募时，为了保证参与实验的竞争者都是对苹果有消费需求并了解苹果市场价格的人群，实验招募直接声明是苹果拍卖实验，保证了前来参加拍卖的竞争者是对于苹果有消费需求的人群。

（2）根据实验之后竞拍同学的反映，由于我们国家目前食品单位为斤，通常对一斤（500g）食品的价格比较敏感，对一只苹果的价格不是很确定。正式实验中，改为拍卖一斤苹果（两只分别为 0.5 斤重苹果）。

（3）对转基因食品信息的披露共为 6 条，三条正面信息，三条负面信息，正面信息和负面信息间隔宣布。

（4）由于正式实验中参与者不是大学生，参与者的年龄、知识层次跨度较大，容易存在参与者对实验过程的理解能力相差很大的问题。为了各地实验所提供信息的一致性，对实验说明进行了修改，使实验说明更加通俗简明，拍卖规则更加简单清晰。

（5）正式实验结束后每位成功完成实验的实验参与者获得 50元现金奖励。

三　正式实验

根据预先设计的实验方案，分别在上海、河南平顶山、新疆石河子三个地区进行实验。分别在三个地区招募 72 位实验参与者，共 216 位实验参与者。每个地区在 3 个地方招募实验参与者，每个地方招募 24 名参与者参加实验，24 位参与者被分为 4 个小组，每个小组的政策环境如下：

（1）自愿标识、无转基因食品信息宣传。

（2）强制标识、无转基因食品信息宣传。

（3）自愿标识、有转基因食品信息宣传。

（4）强制标识、有转基因食品信息宣传。

这样，每个地区每种政策环境一共有 18 个样本，为了比较转基因食品标识、信息政策对不同地区消费者出价的影响。对上海、河南和新疆消费者的实验数据分别进行分析。

（一）消费者福利变化：基于上海地区数据

1. 上海地区实验数据描述（如表 6—11 所示）

表 6—11　　　　　　　　上海地区消费者竞价样本描述

变量	最小值	1/4 分位数	中位数	平均值	3/4 分位数	最大值	标准差	方差
（1）非转基因食品	1.50	2.00	3.30	3.55	5.00	6.00	1.41	1.99
（1）转基因食品	2.00	3.50	3.90	3.86	4.28	6.50	1.03	1.06
（2）非转基因食品	2.50	4.00	4.50	4.58	5.00	8.00	1.18	1.39
（2）转基因食品	1.00	2.87	3.85	4.56	6.33	10.00	2.51	6.31
（3）非转基因食品	1.50	3.30	3.55	5.00	6.00	1.41	1.99
（3）转基因食品	2.00	3.50	3.90	3.86	4.28	6.50	1.03	1.06
（4）非转基因食品	1.20	2.50	3.50	3.61	4.63	6.00	1.37	1.88
（4）转基因食品	1.00	2.00	2.50	2.96	3.40	10.00	2.03	4.12

表 6—11 统计了上海地区的实验参与者在 4 种不同政策环境下对于 500g 非转基因苹果和 500g 转基因苹果的出价。

为了比较两种不同转基因食品标识、信息政策对消费者出价的影响，需要固定一种政策，比较另一种政策的影响。这样，共有 8 个维度的比较，（见表 6—6）。

信息政策对消费者福利的影响：

一是第（1）和（3）组在自愿标识政策下，无信息和有信息时消费者对非转基因苹果的出价。

二是第（1）和（3）组在自愿标识政策下，无信息和有信息时消费者对转基因苹果的出价。

三是第（2）和（4）组在强制标识政策下，无信息和有信息时消费者对非转基因苹果的出价。

四是第（2）和（4）组在强制标识政策下，无信息和有信息时消费者对转基因苹果的出价。

标识政策对消费者出价的影响：

一是第（1）和（2）组在无信息时，自愿标识和强制标识政策下消费者对非转基因苹果的出价。

二是第（1）和（2）组在无信息时，自愿标识和强制标识政策下消费者对转基因苹果的出价。

三是第（3）和（4）组在有信息时，自愿标识和强制标识政策下消费者对非转基因苹果的出价。

四是第（3）和（4）组在有信息时，自愿标识和强制标识政策下消费者对转基因苹果的出价。

使用 SPSS13 软件对数据进行曼—惠特尼 U 检验。

2. 信息政策影响

首先，比较信息对于消费者出价的影响。

第（1）和（3）组在自愿标识政策下，无信息和有信息时消费者的出价比较如表 6—12 所示。

表 6—12　　　自愿标识，不同信息政策下消费者出价比较（上海）

		Mean Rank	Sum of Ranks	Mann – Whitney U	Z	Asymp. Sig. (2 – tailed)	Exact Sig. [2* (1 – tailed Sig.)]
非转基因苹果	（1）	23. 50	327. 50	156. 50	- 0. 17	0. 86	0. 86
	（3）	13. 50	338. 50				
转基因苹果	（1）	23. 50	423. 00	72. 00	- 2. 87	0. 00	0. 00
	（3）	13. 50	243. 00				

由于样本数目较大（$n_1 > 10$，$n_2 > 10$），此时曼—惠特尼 U 检验的抽样分布接近于正态分布，所以只需要比较 Z 值。对于非转基因苹果，设定显著性水平 $\alpha = 0.05$，查表①可知 Z 的临界值 $Z_{-\alpha/2} = Z_{-0.05/2} = -1.96$。表 6—12 所示为 $Z = -0.17 > -1.96$，故接受 H_0，即在自愿标识政策下，有信息和无信息消费者对非转基因苹果的出价是没有显著差异的。

对于转基因苹果，设定显著性水平 $\alpha = 0.05$，由于 Z 的临界值 $Z_{-\alpha/2} = Z_{-0.05/2} = -1.96$，表 6—12 所示为 $Z = -2.87 < -1.96$，故拒绝 H_0，即在自愿标识政策下，有信息和无信息消费者对转基因苹果的出价是有显著差异的。假定显著性水平 $\alpha = 0.05$，近似 p 值为 0.05，由于确切概率为 0.00 远小于 0.05，第（1）组出价的平均秩次和秩次和大于第（3）组，所以第（1）组出价大于第（3）组是有统计学意义的。即自愿标识政策下，有信息时消费者的出价比无信息时要低。

第（2）和（4）组在强制标识政策下，无信息和有信息时消费者的出价比较如表 6—13 所示。

表 6—13　　强制标识，不同信息政策下消费者出价比较（上海）

		Mean Rank	Sum of Ranks	Mann – Whitney U	Z	Asymp. Sig. (2 - tailed)	Exact Sig. [2*(1 - tailed Sig.)]
非转基因苹果	（2）	18.14	326.50	155.50	-0.21	0.83	0.84
	（4）	18.86	339.50				
转基因苹果	（2）	20.75	373.50	121.50	-1.28	0.19	0.20
	（4）	16.25	292.50				

对于非转基因苹果，表 6—13 所示为 $Z = -0.21 > -1.96$，故

①　徐国祥、刘汉良：《统计学》，上海财经大学出版社 2005 年版。

接受 H_0，即在强制标识政策下，有信息和无信息消费者对非转基因苹果的出价是没有显著差异的。

对于转基因苹果，由于 $Z = -1.28 > -1.96$，故接受 H_0，即在强制标识政策下，有信息和无信息消费者对转基因苹果的出价是没有显著差异的。

综上，在自愿标识政策下，有信息和无信息时消费者对于非转基因苹果的出价是没有显著差异的，对于转基因苹果，有信息时消费者的出价比没有信息时的低。考虑到在信息提供中提到，人工移植外来基因可能令生物产生"非预期后果"，食品是否有潜在危险要很多年以后才能看出来，转基因食品有什么危害还一直处于争论之中等关于转基因食品的负面信息，而实验对象由于担心自己的健康而降低对转基因食品的保留价格，从第四章的分析可知转基因食品的信息宣布后，如果消费者认为喜欢转基因食品的程度降低了，而消费者在充分了解转基因食品的信息后对于转基因食品的保留价格才是真实的，所以此时消费者的福利水平提高。

在强制标识政策下，有信息和无信息时消费者对于非转基因苹果和转基因苹果的出价都是没有显著差异的。所以，此时消费者的福利没有明显的改变。

3. 标识政策影响

第（1）和（2）组在无信息情况下，自愿标识政策和强制标识政策下消费者的出价比较如表6—14所示。

表6—14   无信息，不同标识政策下消费者出价比较（上海）

		Mean Rank	Sum of Ranks	Mann – Whitney U	Z	Asymp. Sig. (2 – tailed)	Exact Sig. [2* (1 – tailed Sig.)]
非转基因苹果	（1）	14. 89	268. 00	97. 00	-2. 08	0. 04	0. 04
	（2）	22. 11	398. 00				

续表

		Mean Rank	Sum of Ranks	Mann – Whitney U	Z	Asymp. Sig. (2 – tailed)	Exact Sig. [2*(1 – tailed Sig.)]
转基因苹果	(1)	17.69	318.50	147.50	-0.46	0.64	0.65
	(2)	19.31	347.50				

对于非转基因苹果，表 6—14 所示为 $Z = -2.08 < -1.96$，故拒绝 H_0，即在无信息政策下，消费者在自愿标识政策和强制标识政策下对非转基因苹果的出价是有显著差异的。假定显著性水平 $\alpha = 0.05$，近似 p 值为 0.05，由于确切概率 0.04 小于 0.05，第（1）组出价的平均秩次和秩次和小于第（2）组，所以第（1）组出价小于第（2）组是有统计学意义的。即在无信息政策下，消费者在自愿标识政策下的出价比强制标识政策下的出价要低。

对于转基因苹果，表 6—14 所示为 $Z = -0.46 > -1.96$，故接受 H_0，即在无信息政策下，消费者在自愿标识政策和强制标识政策下对于转基因苹果的出价是没有显著差异的。

第（3）和（4）组在有信息情况下，自愿标识政策和强制标识政策下消费者的出价比较如表 6—15 所示。

表 6—15　　有信息，不同标识政策下消费者出价比较（上海）

		Mean Rank	Sum of Ranks	Mann – Whitney U	Z	Asymp. Sig. (2 – tailed)	Exact Sig. [2*(1 – tailed Sig.)]
非转基因苹果	(3)	14.89	268.00	97.00	-2.08	0.04	0.04
	(4)	22.11	398.00				
转基因苹果	(3)	15.44	278.00	107.00	-1.75	0.08	0.08
	(4)	21.56	388.00				

对于非转基因苹果，表 6—15 所示为 $Z = -2.08 < -1.96$，故拒绝 H_0，即在有信息政策下，消费者在自愿标识政策和强制标识政策下对非转基因苹果的出价是有显著差异的。假定显著性水平 $\alpha = 0.05$，近似 p 值为 0.05，由于确切概率 0.04 小于 0.05，第（3）组出价的平均秩次和秩次和小于第（4）组，所以第（3）组出价小于第（4）组是有统计学意义的。即在有信息政策下，消费者在自愿标识政策下的出价比强制标识政策下的出价要低。

对于转基因苹果，表 6—15 所示为 $Z = -1.75 > -1.96$，故接受 H_0，即在有信息政策下，消费者在自愿标识政策和强制标识政策下对于转基因苹果的出价是没有显著差异的。

综上，在无信息政策下，消费者在自愿标识政策和强制标识政策下对于转基因苹果的出价是没有显著差异的，而对于非转基因苹果，消费者在强制标识政策下的出价大于在自愿标识政策下的出价。由于实验测度的消费者出价是消费者的保留价格，所以，在无信息政策下，强制标识消费者的福利大于自愿标识消费者的福利。

在有信息政策下，消费者在自愿标识政策和强制标识政策下对于转基因苹果的出价是没有显著差异的，而对于非转基因苹果，消费者在强制标识政策下的出价大于在自愿标识政策下的出价。由于消费者的出价是消费者的保留价格，所以，在有信息政策下，强制标识政策下消费者的福利大于自愿标识政策下消费者的福利。

4. 上海地区实验数据分析（如表 6—16 所示）

表 6—16　　不同政策环境下上海消费者对于转基因苹果和非转基因苹果出价比较

		变量1	变量2	关系
信息政策对于消费者出价的影响				
自愿标识	非转基因苹果	无信息	有信息	无差异
自愿标识	转基因苹果	无信息	有信息	大于
强制标识	非转基因苹果	无信息	有信息	无差异
强制标识	转基因苹果	无信息	有信息	无差异

续表

		变量1	变量2	关系
标识政策对于消费者出价的影响				
无信息	非转基因苹果	自愿标识	强制标识	小于
无信息	转基因苹果	自愿标识	强制标识	无差异
有信息	非转基因苹果	自愿标识	强制标识	小于
有信息	转基因苹果	自愿标识	强制标识	无差异

由表6—16可知，对于上海消费者，在有信息时消费者充分了解转基因食品的信息后获得了对于转基因食品真实的保留价格，在自愿标识政策下消费者在有信息时对转基因苹果的保留价格小于无信息时的保留价格，其他情况时有信息和无信息的出价无差异。所以，此时消费者的福利水平提高。

由自愿标识政策到强制标识政策，无论有信息还是无信息，消费者对于转基因苹果的出价无差异，但是对于非转基因苹果的出价提高了，由于消费者的出价是消费者的保留价格，所以，强制标识政策下消费者总体的福利大于自愿标识政策下消费者总体的福利。

（二）消费者福利变化：基于河南地区数据

1. 河南地区实验数据描述（如表6—17所示）

表6—17　　　　河南平顶山地区消费者竞价描述

变量	最小值	1/4分位数	中位数	平均值	3/4分位数	最大值	标准差	方差
（1）非转基因食品	1.00	1.57	2.00	2.59	3.00	5.00	0.85	1.02
（1）转基因食品	1.00	1.85	2.50	3.52	3.50	5.50	1.16	0.86
（2）非转基因食品	2.00	3.00	3.50	4.00	4.00	8.00	1.07	1.52
（2）转基因食品	1.50	2.00	3.00	3.91	3.50	10.00	1.57	3.03

变量	最小值	1/4分位数	中位数	平均值	3/4分位数	最大值	标准差	方差
（3）非转基因食品	1.00	2.50	3.10	2.10	4.00	8.00	1.32	0.34
（3）转基因食品	1.80	3.00	3.25	1.81	4.00	10.00	1.39	0.39
（4）非转基因食品	1.50	2.00	2.50	3.16	3.42	4.50	0.83	0.47
（4）转基因食品	1.00	1.50	2.00	2.30	2.50	4.00	0.76	0.66

表6—17统计了河南平顶山地区的实验参与者在4种不同政策环境下对于500g非转基因苹果和500g转基因苹果的出价。

为了比较两种不同转基因食品标识、信息政策对消费者出价的影响，需要固定一种政策，比较另一种政策的影响。这样，共有8个维度的比较（见表6—6）。

使用SPSS13软件对数据进行曼—惠特尼U检验。

2. 信息政策影响

首先，比较信息对于消费者出价的影响。

第（1）和（3）组在自愿标识政策下，无信息和有信息时消费者的出价比较如表6—18所示。

表6—18　　　　自愿标识，不同信息政策下消费者出价比较（河南）

		Mean Rank	Sum of Ranks	Mann–Whitney U	Z	Asymp. Sig. (2-tailed)	Exact Sig. [2* (1-tailed Sig.)]
非转基因苹果	（1）	21.28	383.00	112.00	-1.61	0.11	0.12
	（3）	15.72	283.00				
转基因苹果	（1）	26.36	474.50	20.50	-4.51	0.00	0.00
	（3）	10.64	191.50				

由于样本数目较大（$n_1 > 10$，$n_2 > 10$），此时曼—惠特尼 U 检验的抽样分布接近于正态分布，所以只需要比较 Z 值。对于非转基因苹果，设定显著性水平 $\alpha = 0.05$，Z 的临界值 $Z_{-\alpha/2} = Z_{-0.05/2} = -1.96$，$Z = -1.61 > -1.96$，故接受 H_0，即在自愿标识政策下，有信息和无信息消费者对非转基因苹果的出价是没有显著差异的。

对于转基因苹果，表 6—18 所示为 $Z = -4.51 < -1.96$，故拒绝 H_0，即在自愿标识政策下，有信息和无信息时消费者对转基因苹果的出价是有显著差异的。假定显著性水平 $\alpha = 0.05$，近似 p 值为 0.05，由于确切概率为 0.00 远小于 0.05，第（1）组出价的平均秩次和秩次和大于第（3）组，所以第（1）组出价大于第（3）组是有统计学意义的。即自愿标识政策下，有信息时消费者对转基因苹果的出价比无信息时要低。

第（2）和（4）组在强制标识政策下，无信息和有信息时消费者的出价比较如表 6—19 所示。

表 6—19　　　强制标识，不同信息政策下消费者出价比较（河南）

		Mean Rank	Sum of Ranks	Mann – Whitney U	Z	Asymp. Sig. (2 – tailed)	Exact Sig. [2* (1 – tailed Sig.)]
非转基因苹果	（2）	22.58	406.50	88.50	-2.36	0.02	0.02
	（4）	14.42	259.50				
转基因苹果	（2）	24.94	449.00	46.00	-3.76	0.00	0.00
	（4）	12.06	217.00				

对于非转基因苹果，表 6—19 所示为 $Z = -2.36 < -1.96$，故拒绝 H_0，即在强制标识政策下，有信息和无信息时消费者对非转基因苹果的出价是有显著差异的。假定显著性水平 $\alpha = 0.05$，近似 p 值为 0.05，由于确切概率为 0.02 小于 0.05，第（2）组出价的

平均秩次和秩次和大于第（4）组，所以第（2）组出价大于第（4）组是有统计学意义的。即强制标识政策下，有信息时消费者对非转基因苹果的出价比无信息时低。

对于转基因苹果，由于 $Z = -3.76 < -1.96$，故拒绝 H_0，即在强制标识政策下，有信息和无信息时消费者对转基因苹果的出价是有显著差异的。假定显著性水平 $\alpha = 0.05$，近似 p 值为 0.05，由于确切概率为 0.00 小于 0.05，第（2）组出价的平均秩次和秩次和大于第（4）组，所以第（2）组出价大于第（4）组是有统计学意义的。即强制标识政策下，有信息时消费者对转基因苹果的出价比无信息时要低。

综上，在自愿标识政策下，有信息和无信息时消费者对于非转基因苹果的出价是没有显著差异的，对于转基因苹果，有信息时消费者的出价比没有信息时的低。考虑到在信息提供中提到，人工移植外来基因可能令生物产生"非预期后果"，食品是否有潜在危险要很多年以后才能看出来，转基因食品有什么危害还一直处于争论之中等关于转基因食品的负面信息。实验对象由于担心自己的健康而降低对转基因食品的保留价格，从第四章的分析可知转基因食品的信息宣布后，如果消费者认为喜欢转基因食品的程度降低了，而消费者在充分了解转基因食品的信息后对于转基因食品的保留价格才是真实的，所以，此时消费者的福利水平提高。

在强制标识政策下，消费者对于非转基因苹果和转基因的苹果出价在有信息时都比无信息时要低。由于消费者在充分了解转基因食品的信息后对于转基因食品的保留价格才是真实的，所以此时消费者的福利水平提高。

3. 标识政策影响

第（1）和（2）组在无信息情况下，自愿标识政策和强制标识政策下消费者的出价比较如表6—20所示。

表 6—20　　　　　无信息，不同标识政策下消费者出价比较（河南）

		Mean Rank	Sum of Ranks	Mann – Whitney U	Z	Asymp. Sig. (2 – tailed)	Exact Sig. [2* (1 – tailed Sig.)]
非转基因苹果	(1)	12.42	223.50	52.50	– 3.49	0.00	0.00
	(2)	24.58	442.50				
转基因苹果	(1)	18.53	333.50	161.50	– 0.02	0.98	0.98
	(2)	18.47	332.50				

对于非转基因苹果，表 6—20 所示为 $Z = -3.49 < -1.96$，故拒绝 H_0，即在无信息政策下，消费者在自愿标识政策和强制标识政策下对非转基因苹果的出价是有显著差异的。假定显著性水平 $\alpha = 0.05$，近似 p 值为 0.05，由于确切概率 0.00 远小于 0.05，第（1）组出价的平均秩次和秩次和小于第（2）组，所以第（1）组出价小于第（2）组是有统计学意义的。即在无信息政策下，对于非转基因苹果，消费者在自愿标识政策下的出价比强制标识政策下的出价要低。

对于转基因苹果，表 6—20 所示为 $Z = -0.02 > -1.96$，故接受 H_0，即在无信息政策下，消费者在自愿标识政策和强制标识政策下对于转基因苹果的出价是没有显著差异的。

第（3）和（4）组在有信息情况下，自愿标识政策和强制标识政策下消费者的出价比较如表 6—21 所示。

对于非转基因苹果，表 6—21 所示为 $Z = -3.92 < -1.96$，故拒绝 H_0，即在有信息政策下，消费者在自愿标识政策和强制标识政策下对非转基因苹果的出价是有显著差异的。假定显著性水平 $\alpha = 0.05$，近似 p 值为 0.05，由于确切概率 0.00 远小于 0.05，第（3）组出价的平均秩次和秩次和小于第（4）组，所以第（3）组出价小于第（4）组是有统计学意义的。即在有信息政策下，对于非转

表 6—21　　　　　有信息，不同标识政策下消费者出价比较（河南）

		Mean Rank	Sum of Ranks	Mann – Whitney U	Z	Asymp. Sig. (2 – tailed)	Exact Sig. [2* (1 – tailed Sig.)]
非转基因苹果	（3）	11. 72	211. 00	40. 00	- 3. 92	0. 00	0. 00
	（4）	25. 28	455. 00				
转基因苹果	（3）	15. 56	280. 00	109. 00	- 1. 71	0. 08	0. 09
	（4）	21. 44	386. 00				

基因苹果，消费者在自愿标识政策下的出价比强制标识政策下的出价要低。

对于转基因苹果，表 6—21 所示为 $Z = -1.71 > -1.96$，故接受 H_0，即在有信息政策下，消费者在自愿标识政策和强制标识政策下对于转基因苹果的出价没有显著差异。

综上，在无信息政策下，消费者在自愿标识政策和强制标识政策下对于转基因苹果的出价是没有显著差异的，而对于非转基因苹果，消费者在强制标识政策下的出价大于在自愿标识政策下的出价。由于消费者的出价是消费者的保留价格，所以，在无信息政策下，强制标识政策下消费者的福利大于自愿标识政策下消费者的福利。

在有信息政策下，消费者在自愿标识政策和强制标识政策下对于转基因苹果的出价是没有显著差异的，而对于非转基因苹果，消费者在强制标识政策下的出价大于在自愿标识政策下的出价。由于消费者的出价是消费者的保留价格，所以，在有信息政策下，强制标识政策下消费者的福利大于自愿标识政策下消费者的福利。

4. 河南地区实验数据分析（如表 6—22 所示）

表 6—22　　　不同政策环境下平顶山消费者对于转基因苹果

和非转基因苹果出价比较

		变量1	变量2	关系
信息政策对于消费者出价的影响				
自愿标识	非转基因苹果	无信息	有信息	无差异
自愿标识	转基因苹果	无信息	有信息	大于
强制标识	非转基因苹果	无信息	有信息	大于
强制标识	转基因苹果	无信息	有信息	大于
标识政策对于消费者出价的影响				
无信息	非转基因苹果	自愿标识	强制标识	小于
无信息	转基因苹果	自愿标识	强制标识	无差异
有信息	非转基因苹果	自愿标识	强制标识	小于
有信息	转基因苹果	自愿标识	强制标识	无差异

由表 6—22 可知，对于河南平顶山消费者，信息对于消费者的出价影响显著，除了自愿标识政策下有信息和无信息时消费者对非转基因苹果的出价无差异，其他政策环境下在有信息时消费者对转基因苹果和非转基因苹果的出价都低于无信息时的出价。由于消费者充分了解转基因食品的信息后获得了对于转基因食品真实的保留价格，所以此时消费者的福利水平提高。

标识政策对于消费者出价的影响也是显著的，由自愿标识政策到强制标识政策，无论有信息还是无信息，消费者对于转基因苹果的出价无差异，但是对于非转基因苹果的出价提高了，由于消费者的出价是消费者的保留价格，所以，强制标识政策下消费者总体的福利大于自愿标识政策下消费者总体的福利。

（三）消费者福利变化：基于新疆地区数据

1. 新疆地区实验数据描述（如表6—23所示）

表6—23　　　　　新疆石河子地区消费者竞价样本描述

变量	最小值	1/4 分位数	中位数	平均值	3/4 分位数	最大值	标准差	方差
（1）非转基因食品	1.00	2.63	3.00	3.24	4.00	5.50	1.04	1.50
（1）转基因食品	0.00	2.58	3.50	4.31	4.15	7.00	1.38	1.63
（2）非转基因食品	2.50	3.00	4.00	4.41	5.00	8.00	1.27	1.45
（2）转基因食品	1.80	2.63	3.65	4.34	5.00	10.00	1.77	2.42
（3）非转基因食品	1.00	2.80	4.00	3.41	4.95	6.80	1.33	0.72
（3）转基因食品	2.00	3.13	4.35	2.71		8.00	1.40	0.92
（4）非转基因食品	2.00	3.00	3.10	4.07	4.50	8.00	1.16	1.83
（4）转基因食品	0.00	2.00	3.00	3.58	3.50	10.00	1.57	3.75

　　表6—23统计了新疆石河子地区的实验参与者在4种不同政策环境下对于500g非转基因苹果和500g转基因苹果的出价。

　　为了比较两种不同转基因食品标识、信息政策对消费者出价的影响，需要固定一种政策，比较另一种政策的影响。这样，共有8个维度的比较，同上海地区的8个维度（见表6—6）。

　　使用SPSS13软件对数据进行曼—惠特尼U检验。

2. 信息政策影响

　　首先，比较信息对于消费者出价的影响。

　　第（1）和（3）组在自愿标识政策下，无信息和有信息时消费者的出价比较如表6—24所示。

表 6—24　自愿标识，不同信息政策下消费者出价比较（新疆）

		Mean Rank	Sum of Ranks	Mann – Whitney U	Z	Asymp. Sig. (2 – tailed)	Exact Sig. [2* (1 – tailed Sig.)]
非转基因苹果	（1）	17.39	313.00	142.00	– 0.64	0.52	0.54
	（3）	19.61	353.00				
转基因苹果	（1）	24.78	446.00	49.00	– 3.60	0.00	0.00
	（3）	12.22	220.00				

　　由于样本数目较大（$n_1 > 10$，$n_2 > 10$），此时曼—惠特尼 U 检验的抽样分布接近于正态分布，所以只需要比较 Z 值。对于非转基因苹果，设定显著性水平 $\alpha = 0.05$，Z 的临界值 $Z_{-\alpha/2} = Z_{-0.05/2} = -1.96$，$Z = -0.64 > -1.96$，故接受 H_0，即在自愿标识政策下，有信息和无信息时消费者对非转基因苹果的出价是没有显著差异的。

　　对于转基因苹果，表 6—24 所示为 $Z = -3.60 < -1.96$，故拒绝 H_0，即在自愿标识政策下，有信息和无信息时消费者对转基因苹果的出价是有显著差异的。假定显著性水平 $\alpha = 0.05$，近似 p 值为 0.05，由于确切概率为 0.00 远小于 0.05，第（1）组出价的平均秩次和秩次和大于第（3）组，所以第（1）组出价大于第（3）组是有统计学意义的。即自愿标识政策下，有信息时消费者对转基因苹果的出价比无信息时要低。

　　第（2）和（4）组在强制标识政策下，无信息和有信息时消费者的出价比较如表 6—25 所示。

表 6—25　　　强制标识，不同信息政策下消费者出价比较（新疆）

		Mean Rank	Sum of Ranks	Mann – Whitney U	Z	Asymp. Sig. (2 – tailed)	Exact Sig. [2* (1 – tailed Sig.)]
非转基因苹果	(2)	20.22	364.00	131.00	– 0.99	0.32	0.34
	(4)	16.78	302.00				
转基因苹果	(2)	21.72	391.00	82.00	– 2.56	0.07	0.07
	(4)	15.28	275.00				

对于非转基因苹果，表 6—25 所示为 $Z = - 0.99 > - 1.96$，故接受 H_0，即在强制标识政策下，有信息和无信息时消费者对非转基因苹果的出价是没有显著差异的。

对于转基因苹果，表 6—25 所示为 $Z = - 2.56 < - 1.96$，故拒绝 H_0，即在强制标识政策下，有信息和无信息消费者对转基因苹果的出价是有显著差异的。假定显著性水平 $\alpha = 0.1$，近似 p 值为 0.1，由于确切概率为 0.07 小于 0.1，第（2）组出价的平均秩次和秩次和大于第（4）组，所以第（2）组出价大于第（4）组是有统计学意义的。即强制标识政策下，有信息时消费者对转基因苹果的出价比无信息时要低。

综上，在自愿标识政策下，有信息和无信息时消费者对于非转基因苹果的出价是没有显著差异的，对于转基因苹果，有信息时消费者的出价比没有信息时的低。考虑到在信息提供中提到，人工移植外来基因可能令生物产生"非预期后果"，食品是否有潜在危险要很多年以后才能看出来，转基因食品有什么危害还一直处于争论之中等关于转基因食品的负面信息。实验对象由于担心自己的健康而降低对转基因食品的保留价格，从第四章的分析可知转基因食品的信息宣布后，如果消费者认为喜欢转基因食品的程度降低了，而消费者在充分了解转基因食品的信息后对于转基因食品的保留价格才是真实的，所以此时消费者的福利水平提高。

在强制标识政策下，有信息和无信息时消费者对于非转基因苹果的出价是没有显著差异的。对于转基因苹果，有信息时消费者的出价比无信息时的低。由于消费者在充分了解转基因食品的信息后对于转基因食品的保留价格才是真实的，所以此时消费者的福利水平提高。

3. 标识政策的影响

第（1）和（2）组在无信息情况下，自愿标识政策和强制标识政策下消费者的出价比较如表6—26所示。

表6—26　　　无信息，不同标识政策下消费者出价比较（新疆）

		Mean Rank	Sum of Ranks	Mann – Whitney U	Z	Asymp. Sig. (2 – tailed)	Exact Sig. [2* (1 – tailed Sig.)]
非转基因苹果	（1）	14.06	253.00	82.00	-2.56	0.01	0.01
	（2）	22.94	413.00				
转基因苹果	（1）	18.44	332.00	161.00	-0.03	0.98	0.99
	（2）	18.56	334.00				

对于非转基因苹果，表6—26所示为 $Z = -2.56 < -1.96$，故拒绝 H_0，即在无信息政策下，消费者在自愿标识政策和强制标识政策下对非转基因苹果的出价有显著差异。假定显著性水平 $\alpha = 0.05$，近似 p 值为 0.05，由于确切概率 0.01 远小于 0.05，第（1）组出价的平均秩次和秩次和小于第（2）组，所以第（1）组出价小于第（2）组是有统计学意义的。即在无信息政策下，对于非转基因苹果，消费者在自愿标识政策下的出价比强制标识政策下的出价要低。

对于转基因苹果，由于 $Z = -0.03 > -1.96$，故接受 H_0，即在无信息政策下，消费者在自愿标识政策和强制标识政策下对于转基因苹果的出价是没有显著差异的。

第（3）和（4）组在有信息情况下，自愿标识政策和强制标识政策下消费者的出价比较如表 6—27 所示。

表 6—27   有信息，不同标识政策下消费者出价比较（新疆）

		Mean Rank	Sum of Ranks	Mann – Whitney U	Z	Asymp. Sig. (2 – tailed)	Exact Sig. [2* (1 – tailed Sig.)]
非转基因苹果	（3）	15.78	284.00	113.00	− 1.60	0.11	0.13
	（4）	21.22	382.00				
转基因苹果	（3）	16.56	298.00	127.00	− 1.12	0.26	0.28
	（4）	20.44	368.00				

对于非转基因苹果，表 6—27 所示为 $Z = -1.60 > -1.96$，故接受 H_0，即在有信息政策下，消费者在自愿标识政策和强制标识政策下对非转基因苹果的出价是没有显著差异的。

对于转基因苹果，由于 $Z = -1.12 > -1.96$，故接受 H_0，即在有信息政策下，消费者在自愿标识政策和强制标识政策下对于转基因苹果的出价是没有显著差异的。

综上，在无信息政策下，消费者在自愿标识政策和强制标识政策下对于转基因苹果出价是没有显著差异的，而对于非转基因苹果的出价，强制标识政策下出价要高于自愿标识政策下的出价，而实验测度的消费者出价是消费者的保留价格。所以，无信息政策下，强制标识政策下消费者的福利大于自愿标识政策下消费者的福利。

在有信息政策下，消费者在自愿标识政策下和强制标识政策下对于转基因苹果和非转基因苹果的出价都是没有显著差异的。所以，在有信息政策下，强制标识政策下消费者的福利与自愿标识政策下消费者的福利无显著差异。

4. 新疆地区实验数据分析（如表 6—28 所示）

表 6—28　　　　不同政策环境下新疆石河子消费者对于转基因
苹果和非转基因苹果出价比较

		变量 1	变量 2	关系
信息政策对于消费者出价的影响				
自愿标识	非转基因苹果	无信息	有信息	无差异
自愿标识	转基因苹果	无信息	有信息	大于
强制标识	非转基因苹果	无信息	有信息	无差异
强制标识	转基因苹果	无信息	有信息	无差异
标识政策对于消费者出价的影响				
无信息	非转基因苹果	自愿标识	强制标识	小于
无信息	转基因苹果	自愿标识	强制标识	无差异
有信息	非转基因苹果	自愿标识	强制标识	无差异
有信息	转基因苹果	自愿标识	强制标识	无差异

由表 6—28 可知，对于新疆石河子消费者，信息对于消费者的出价影响不太显著，除了自愿标识政策下，有信息时消费者对转基因苹果的保留价格低于无信息时的出价，其他政策环境下，在有信息和无信息时消费者对非转基因苹果和转基因苹果的出价无差异。由于消费者充分了解转基因食品的信息后获得了对于转基因食品真实的保留价格，所以此时消费者的福利水平有一定的提高。

标识政策对于消费者的出价影响也不太显著，只有在无信息时，消费者在自愿标识政策下的出价小于强制标识政策下的出价，其他政策环境下，消费者在自愿标识和强制标识时的出价并无差异。由于消费者的出价是消费者的保留价格，所以，总体来看，强制标识政策下消费者总体的福利大于自愿标识政策下消费者总体的福利。

（四）消费者福利变化：基于总体样本分析

通过以上分析可知，不同政策组合对三个地区消费者的出价影响不尽相同。为了得到更加普遍的结论，下面将三个地区的数据放在一起进行分析。

1. 总体实验数据描述（如表6—29所示）

表6—29　　　　　　　　总体样本数据描述

变量	最小值	1/4分位数	中位数	平均值	3/4分位数	最大值	标准差	方差
（1）非转基因食品	1.00	2.00	3.00	3.13	4.00	6.00	1.22	1.61
（1）转基因食品	0.00	2.00	3.00	3.90	4.00	10.00	1.45	1.25
（2）非转基因食品	2.00	3.00	4.00	4.33	5.00	8.00	1.28	1.47
（2）转基因食品	0.00	2.50	3.00	4.27	4.50	10.00	1.88	3.85
（3）非转基因食品	1.00	2.73	4.00	3.04	4.95	8.00	1.38	1.40
（3）转基因食品	1.00	3.00	3.80	2.49	5.00	10.00	1.59	1.99
（4）非转基因食品	1.20	2.50	3.00	3.97	4.50	8.00	1.34	1.78
（4）转基因食品	0.00	2.00	2.50	3.10	3.50	10.00	1.53	2.56

表6—29对上海、河南平顶山、新疆石河子三个地区的216名实验参与者在4种不同政策环境下对于500g非转基因苹果和500g转基因苹果的出价进行了描述。

为了比较两种不同转基因食品标识、信息政策对消费者出价的影响，需要固定一种政策，比较另一种政策的影响。这样，共有8个维度的比较，同上海地区的8个维度（见表6—6）。

使用SPSS13软件对数据进行曼—惠特尼U检验。

2. 信息政策的影响

首先，比较信息对于消费者出价的影响。

第（1）和（3）组在自愿标识政策下，无信息和有信息时消费者的出价比较如表6—30所示。

表 6—30　　　　　自愿标识，不同信息政策下消费者出价比较

		Mean Rank	Sum of Ranks	Mann – Whitney U	Z	Asymp. Sig. (2 – tailed)
非转基因苹果	（1）	55.50	2997.00	1404.00	-0.33	0.74
	（3）	53.50	2889.00			
转基因苹果	（1）	72.98	3941.00	460.00	-6.17	0.00
	（3）	36.02	1945.00			

由于样本数目较大（ $n_1 = 54 > 10$, $n_2 = 54 > 10$ ），此时曼—惠特尼 U 检验的抽样分布接近于正态分布，所以只需要比较 Z 值。对于非转基因苹果，设定显著性水平 $\alpha = 0.05$ ， Z 的临界值 $Z_{-\alpha/2} = Z_{-0.05/2} = -1.96$ ，表 6—30 所示为 $Z = -0.33 > -1.96$ ，故接受 H_0 ，即在自愿标识政策下，有信息和无信息时消费者对非转基因苹果的出价是没有显著差异的。

对于转基因苹果，由于 $Z = -6.17 < -1.96$ ，故拒绝 H_0 ，即在自愿标识政策下，有信息和无信息时消费者对转基因苹果的出价是有显著差异的。假定显著性水平 $\alpha = 0.05$ ，近似 p 值为 0.05 ，由于近似概率为 0.00 远小于 0.05 ，第（1）组出价的平均秩次和秩次和大于第（3）组，所以第（1）组出价大于第（3）组是有统计学意义的。即自愿标识政策下，有信息时消费者的出价比无信息时要低。

第（2）和（4）组在强制标识政策下，无信息和有信息时消费者的出价比较如表 6—31 所示。

表 6—31　　　　　强制标识，不同信息政策下消费者出价比较

		Mean Rank	Sum of Ranks	Mann – Whitney U	Z	Asymp. Sig. (2 – tailed)
非转基因苹果	（2）	59.74	3226.00	1175.00	-1.76	0.08
	（4）	49.26	2660.00			

		Mean Rank	Sum of Ranks	Mann – Whitney U	Z	Asymp. Sig. (2 – tailed)
转基因苹果	(2)	65.18	3519.50	881.50	– 3.57	0.00
	(4)	43.82	2366.50			

对于非转基因苹果，表 6—31 所示为 $Z = -1.76 > -1.96$，故接受 H_0，即在强制标识政策下，有信息和无信息时消费者对非转基因苹果的出价是没有显著差异的。

对于转基因苹果，由于 $Z = -3.57 < -1.96$，故拒绝 H_0，即在强制标识政策下，有信息和无信息时消费者对转基因苹果的出价是有显著差异的。假定显著性水平 $\alpha = 0.05$，近似 p 值为 0.05，由于确切概率为 0.00 远小于 0.05，第（2）组出价的平均秩次和秩次和大于第（4）组，所以第（2）组出价大于第（4）组是有统计学意义的。即强制标识政策下，有信息时消费者对转基因苹果的出价比无信息时要低。

综上，无论在自愿标识政策还是在强制标识政策下，有信息和无信息时消费者对于非转基因苹果的出价都是没有显著差异的，对于转基因苹果，有信息时消费者的出价比没有信息时的低。考虑到在信息提供中提到，人工移植外来基因可能令生物产生"非预期后果"，食品是否有潜在危险要很多年以后才能看出来，转基因食品有什么危害还一直处于争论之中等关于转基因食品的负面信息。而实验对象由于担心自己的健康而降低对转基因食品的保留价格，从第四章的分析可知转基因食品的信息宣布后，如果消费者认为喜欢转基因食品的程度降低了，而消费者在充分了解转基因食品的信息后对于转基因食品的保留价格才是真实的，所以总的来讲，信息的提供使得消费者的福利水平提高。

3. 标识政策的影响

第（1）和（2）组在无信息情况下，自愿标识政策和强制标识政策下消费者的出价比较如表 6—32 所示。

表 6—32 无信息，不同标识政策下消费者出价比较

		Mean Rank	Sum of Ranks	Mann – Whitney U	Z	Asymp. Sig. (2 – tailed)
非转基因苹果	（1）	40.81	2204.00	719.00	-4.58	0.00
	（2）	68.19	3682.00			
转基因苹果	（1）	53.59	2894.00	1409.00	-0.30	0.76
	（2）	55.41	2992.00			

对于非转基因苹果，表 6—32 所示为 $Z = -4.58 < -1.96$，故拒绝 H_0，即在无信息政策下，消费者在自愿标识政策和强制标识政策下对非转基因苹果的出价是有显著差异的。假定显著性水平 $\alpha = 0.05$，近似 p 值为 0.05，由于近似概率 0.00 远小于 0.05，第（1）组出价的平均秩次和秩次和小于第（2）组，所以第（1）组出价小于第（2）组是有统计学意义的。即在无信息政策下，消费者在自愿标识政策下的出价比强制标识政策下的出价要低。

对于转基因苹果，由于 $Z = -0.30 > -1.96$，故接受 H_0，即在无信息政策下，消费者在自愿标识政策和强制标识政策下对于转基因苹果的出价是没有显著差异的。

第（3）和（4）组在有信息情况下，自愿标识政策和强制标识政策下消费者的出价比较如表 6—33 所示。

表 6—33 有信息，不同标识政策下消费者出价比较

		Mean Rank	Sum of Ranks	Mann – Whitney U	Z	Asymp. Sig. (2 – tailed)
非转基因苹果	（3）	43.29	2337.50	852.50	-3.75	0.00
	（4）	65.71	3548.50			
转基因苹果	（3）	47.36	2557.50	1072.50	-2.35	0.02
	（4）	61.64	3328.50			

　　对于非转基因苹果，表6—33所示为 $Z = -3.75 < -1.96$，故拒绝 H_0，即在有信息政策下，消费者在自愿标识政策和强制标识政策下对非转基因苹果的出价是有显著差异的。假定显著性水平 $\alpha = 0.05$，近似 p 值为 0.05，由于近似概率 0.00 远小于 0.05，第（3）组出价的平均秩次和秩次和小于第（4）组，所以第（3）组出价小于第（4）组是有统计学意义的。即在有信息政策下，消费者在自愿标识政策下的出价比强制标识政策下的出价要低。

　　对于转基因苹果，设定显著性水平 $\alpha = 0.05$，$Z_{-\alpha/2} = Z_{-0.05/2} = -1.96$，表6—33所示为 $Z = -2.35 < -1.96$，故拒绝 H_0，假定显著性水平 $\alpha = 0.05$，近似 p 值为 0.05，由于近似概率 0.02 远小于 0.05，第（3）组出价的平均秩次和秩次和小于第（4）组，所以第（3）组出价小于第（4）组是有统计学意义的。即在有信息政策下，消费者在自愿标识政策下的出价比强制标识政策下的出价要低。

　　综上，在无信息政策下，消费者在自愿标识政策和强制标识政策下对于转基因苹果的出价是没有显著差异的，而对于非转基因苹果，消费者在强制标识政策下的出价大于在自愿标识政策下的出价。由于消费者的出价是消费者的保留价格，所以，总体来看，在无信息政策下，强制标识政策下消费者的福利大于自愿标识政策下消费者的福利。

　　在有信息政策下，对于转基因苹果和非转基因苹果，消费者在强制标识政策下的出价都大于在自愿标识政策下的出价。由于消费者的出价是消费者的保留价格，所以，在有信息政策下，强制标识政策下消费者的福利大于自愿标识政策下消费者的福利。

　　4. 总体实验数据分析（如表6—34所示）

表6—34　不同政策环境下消费者对于转基因苹果和非转基因苹果出价比较

	变量1	变量2	关系
信息政策对于消费者出价的影响			
自愿标识　　　　非转基因苹果	无信息	有信息	无差异

		变量 1	变量 2	关系
信息政策对于消费者出价的影响				
自愿标识	转基因苹果	无信息	有信息	大于
强制标识	非转基因苹果	无信息	有信息	无差异
强制标识	转基因苹果	无信息	有信息	大于
标识政策对于消费者出价的影响				
无信息	非转基因苹果	自愿标识	强制标识	小于
无信息	转基因苹果	自愿标识	强制标识	无差异
有信息	非转基因苹果	自愿标识	强制标识	小于
有信息	转基因苹果	自愿标识	强制标识	小于

由表 6—34 可知，信息对于消费者的出价影响较为明显。对于三个地区的所有消费者来说，无论是自愿标识还是强制标识，有无信息不会影响消费者对于非转基因苹果的出价。而对于转基因苹果，在有信息时消费者充分了解转基因食品的信息后获得了对于转基因食品真实的保留价格，消费者在有信息时对转基因苹果的保留价格小于无信息时的保留价格。所以，总体来看，消费者的福利水平提高。

标签对于消费者的出价影响显著。由自愿标识政策到强制标识政策，消费者除了在无信息情况下对转基因苹果的出价无显著差异；其他政策环境下，消费者在自愿标识政策下的出价均显著低于强制标识政策下的出价。由于消费者的出价是消费者的保留价格，保留价格的提高代表了消费者的福利提高。所以，强制标识政策下消费者总体的福利大于自愿标识政策下消费者总体的福利。

将上海地区、河南地区、新疆地区和总体样本的分析结果进行比较如表 6—35 所示。

表 6—35　　　　　不同政策环境下消费者对于转基因苹果和
非转基因苹果出价地区比较

	变量 1	变量 2	上海	河南	新疆	总体
信息政策对于消费者出价的影响						
自愿标识 非转基因苹果	无信息	有信息	无差异	无差异	无差异	无差异
自愿标识 转基因苹果	无信息	有信息	大于	大于	大于	大于
强制标识 非转基因苹果	无信息	有信息	无差异	大于	无差异	无差异
强制标识 转基因苹果	无信息	有信息	无差异	大于	无差异	大于
标识政策对于消费者出价的影响						
无信息 非转基因苹果	自愿标识	强制标识	小于	小于	小于	小于
无信息 转基因苹果	自愿标识	强制标识	无差异	无差异	无差异	无差异
有信息 非转基因苹果	自愿标识	强制标识	小于	小于	无差异	小于
有信息 转基因苹果	自愿标识	强制标识	无差异	无差异	无差异	小于

　　由表 6—35 可知，总体样本数据与各地区样本数据的差异不大。总体样本除了在有信息情况下，消费者对转基因苹果的出价在强制标识政策下显著小于自愿标识政策以外，其他情况与各地区基本相似。

小　结

　　本章运用非参数检验方法对上海、平顶山、石河子 3 个地区的实验数据进行分析。由于实验包括四种政策环境，每种政策环境又分别包括两种政策，因此分析时，固定一种政策环境，分析另一种政策环境的影响。经过三个地区独立分析，在有信息时消费者充分了解转基因食品的信息后获得了对于转基因食品真实的保留价格，所以有信息时消费者的福利水平比无信息时高；由自愿标识政策到强制标识政策，在有信息或是无信息时，消费者对于转基因苹果或非转基因苹果的出价提高了，由于消费者的出价是消费者的保留价格，所以，强制标识政策下消费者总体的福利大于自愿标识政策下消费者总体的福利。

然后，将三个地区的结果放在一起比较，发现检验结果更加显著。有信息使得消费者对转基因苹果的出价降低，而这个出价是消费者充分了解转基因食品的信息后获得的对于转基因食品真实的保留价格，所以消费者在有信息时的福利比无信息时的高。强制标识政策使得消费者对非转基因苹果的出价提高，由于消费者的出价是消费者的保留价格，因此，消费者在强制标识政策下的福利大于自愿标识政策下的福利。

下一章将会在以上章节分析的基础上，尝试提出有利于保护我国消费者利益的转基因食品监管的标识和信息政策。

第七章 结论与建议

21 世纪是生物技术的世纪，有关转基因食品的研究成为学术界的热点问题。转基因技术给农业发展和经济发展带来了巨大的经济前景。在市场的运作下，转基因植物性食品、转基因动物性食品等转基因食品从实验室走向市场，取得巨大的经济效益。但是，任何一种事物的出现都必定会有两重性，它是双刃剑。转基因技术在为农业生产、人类生活和社会进步带来巨大利益的同时，也可能对生态环境和人类健康产生潜在的风险。因此，根据我国转基因食品发展的实际和我国消费者的特点，完善我国转基因食品的监管政策，促进转基因食品在中国的研究和发展，这无疑具有重要的理论和实践意义。

一 主要结论

第一，通过分析转基因食品生产者和监管部门两个利益主体对转基因食品的态度以及影响态度的因素，总结各相关利益主体对转基因食品的行为特征，从转基因食品生产者和监管部门博弈的角度分析。得出结论：无论是在静态博弈模型下，还是在动态博弈模型下，转基因食品生产者重视转基因食品的宣传，自觉加贴食品中转基因成分标签的概率随着转基因食品监管部门监管力度的增大而增大。为了保护消费者的利益，转基因食品监管部门要加大对转基因食品生产者的监管力度，制定合理的转基因食品标识和信息政策。

第二，从传统经济学的福利理论出发，通过建立中国转基因食品消费者的消费者效用函数模型，分析得出结论：当市场上同时存在转基因食品和非转基因食品时，在一个市场经济和法制比较完善的条件下，转基因食品生产者采取机会主义行为的概率较低，且转基因食品的检测成本较低的情况下，自愿标识政策对消费者是有利的；而在一个市场经济和法制尚不够完善，厂商机会主义行为比较普遍的环境下，采取强制标识政策将能够保障消费者的利益。由于我国市场经济和法制建设还不够完善，所以，为了保护消费者的利益，应该采用强制标识政策作为我国的转基因食品标签管制方式。

消费者在充分了解转基因食品的信息后对于转基因食品的保留价格才是真实的。所以，消费者在有信息情况下的福利水平要高于无信息情况下的福利水平。由于转基因食品生产者追求利润最大化，不会主动向消费者宣传转基因食品的信息。因此，为了保护消费者的利益，公开转基因食品信息应该是我国转基因食品信息管制方式的政策取向。

第三，引入实验经济学方法，通过问卷调研和经济学实验，了解消费者对于转基因食品的认知程度、态度、安全认可度等。运用调研和实验数据，实证分析信息不对称条件下消费者在不同的转基因食品标识、信息政策影响下对转基因食品的态度以及影响态度的因素。分析结果显示，被调查者的年龄、性别、教育程度、工作性质、购买地点、家庭人均月收入、居住地区7个解释变量对回归结果都不显著。而家庭规模和对转基因食品安全认可度与消费者对转基因苹果的偏好存在显著的正相关关系，消费者对转基因食品的认知、标识政策和信息政策与消费者对转基因苹果的偏好存在显著的负相关关系。因此，可以得出转基因食品标识、信息政策与消费者偏好转基因食品的关系：转基因食品标识、信息政策显著影响消费者对转基因食品偏好，有信息时，消费者更加偏好非转基因食品，无信息时，消费者更加偏好转基因食品；强制标识政策下，消费者更加偏好非转基因食品，自愿标识政策下，消费者更加偏好转基因食品。

第四，运用实验数据实证分析不同转基因食品标识、信息政策下消费者的消费行为数据，揭示消费者在不同转基因食品标识、信息政策下的福利变化，认为有信息使得消费者对转基因苹果的出价降低，而这个出价是消费者充分了解转基因食品的信息后获得的对于转基因食品真实的保留价格，所以消费者在有信息时的福利比无信息时的高。强制标识政策使得消费者对非转基因苹果的出价提高，由于消费者的出价是消费者的保留价格，因此，消费者在强制标识政策下的福利大于自愿标识政策下的福利。因此，为了保护消费者的利益，应该对转基因食品实行强制标识政策和公开信息政策。

二　政策建议

转基因技术的发展有其不可替代的优势，世界粮食短缺成为当前迫切需要解决的问题，而转基因食品又是解决食物短缺的有效手段。所以，转基因食品发展迅猛。但是转基因食品在人类历史的时间不长，对人的身体健康和生态环境的影响不可预见，让消费者担忧。因此，建立合理的转基因食品标识、信息政策保护消费者利益，对于规范和促进转基因食品产业的发展意义重大。因此，根据以上讨论得出的一些结论，本书提出以下政策建议。

（一）加强转基因食品监管机构建设，健全转基因食品相关法律法规

根据第三章的分析，在转基因食品生产者和转基因食品监管部门的博弈中，消费者处于弱势地位，为了保护消费者的利益，转基因食品相关监管部门要加大对转基因食品生产者的监管力度。

我国目前对转基因食品的监管过程可细分为：农业部负责对转基因作物实行安全评价审批、标识申报和农业转基因生物进口的安

全管理；农业行政主管部门负责全国农业转基因生物安全的监督管理工作；农业部委托的技术检测机构负责出具检测报告；环保部负责转基因产品的安全评估涉及环境污染的评估和管理；国家农业转基因生物安全委员会负责我国农业转基因生物的安全评价工作；国家质检总局负责全国进出境转基因产品的检验检疫管理工作；卫生行政主管部门负责转基因食品卫生安全的监督管理工作；科技部负责转基因产品的技术研发；商务部则有转基因产品的进出口管理权。[①] 混乱的监管过程和烦冗的监管机构造成监管权责不清且效率低下。因此，应该建立转基因食品监管综合平台，负责转基因食品日常监管，统筹和协调各个职能部门，并进行集中监管，同时细化和明确各部门的职权范围，形成有法可依、有章可循的监管体系。

我国目前转基因食品相关法律已初步形成以《农业转基因生物安全管理条例》为框架、其他管理办法相配套的体系。[②] 由于目前主要通过制定部门规章、标准、规范等方式指导和规范转基因技术的使用和推广。对转基因食品的管理主要以行政法规和部门规章为主，立法层次较低，权威性不够，影响其执法的力度和功能的发挥。这对可能解决未来粮食危机的转基因食品而言，立法层次效力太低，不能满足我国目前快速发展的转基因食品产业的管理需要。因此，进一步健全转基因食品的相关法律法规，制定全面而又系统的综合性法律，对规范转基因食品的管理意义重大。

（二）加强转基因食品宣传力度

根据第四章的经济学理论分析可知，消费者在有信息的情况下所获得福利大于无信息情况下所获得福利。第六章的实证分析表明消费者在有信息情况下的总福利水平高于无信息情况下总的福利水

---

① 王敏、王秀玲：《转基因农产品对粮食安全的影响及对策》，《农村经济》2006年第11期。

② 李静：《中美转基因食品公共政策的对比研究》，硕士学位论文，武汉理工大学，2008年。

平。因此应当让普通消费者更多地了解转基因食品的信息。根据第四章的分析，转基因食品生产者由于成本的原因一般不愿主动宣传转基因食品，这就需要相关监管部门以法律法规的形式对公开转基因食品信息作出规定。当前我国人口总体受教育程度较低，人们对于转基因食品的知识比较贫乏，对其风险认识不足，缺乏必要的自我保护意识。

据本书针对上海、平顶山、石河子的消费者调查，33.8%的消费者明确表示不接受转基因食品，但42.9%的消费者并不清楚自己是否消费过转基因食品，38.1%的被调查者认为市场上没有或不知道有转基因食品销售。这些调查数据一方面反映了消费者对转基因食品的认知程度低，另一方面消费者不知道自己买的食品是否含有转基因成分，不知道市场的转基因食品销售情况，消费者的知情权受到损害。针对调查问卷中"您认为有必要对转基因食品进行大力宣传吗？"肯定回答所占比例为70.62%，说明消费者本身也希望了解转基因食品的信息。对此食品管理部门应该利用电视、广播、网络、报纸等媒体向消费者传递有关转基因食品的信息，加强公众宣传教育，普及生物安全知识，提高人们保护生态环境的责任感与使命感，建立公众参与机制，帮助消费者正确认识转基因技术和转基因食品，树立理性的消费观念和消费行为。

转基因食品相关管理部门，一是应该利用电视、广播、网络、报纸等媒体向消费者传递有关转基因食品的信息，加强转基因食品方面的公众宣传教育，帮助消费者正确认识转基因技术和转基因食品，科学对待转基因食品；二是建立公众参与机制，使公众参与转基因食品相关法律法规的制定，尝试多渠道地了解和对话机制，例如在批准转基因食品商业化生产时增加公众听证的程序，以增加转基因食品监管的信息透明性和公众可参与性，以促进消费者对转基因食品的正确认知和理性消费；三是规定转基因食品生产商在每一种转基因食品上市同时附一份详细的信息资料，包括该食品的转入基因、标记基因、优点及可能的危害性等方面的内容，以帮助消费者进行自主选择，更好地保障消费者的自主权和知情权。

（三）进一步完善转基因食品强制标识制度

根据第四章的经济学理论分析可知，在我国现有的社会环境下，消费者在强制标识政策下所获得福利大于自愿标识政策下所获得的福利。同时，第六章的实证分析表明消费者在强制标识政策下的总福利水平高于自愿标识政策下总的福利水平。因此，为了保护消费者的利益，应该对转基因食品实行强制标识政策。

对转基因食品进行标识是尊重消费者知情选择权的体现。首先，消费者有权知道转基因食品中转入的基因和各种成分，有权选择购买或者不购买转基因食品或非转基因食品。由于我们对转基因食品是否对人类健康有危害，尤其是它对人类健康长期累积的风险还不清楚，这就需要消费者根据转基因食品的标识而进行自主选择。其次，消费者在选择转基因食品或非转基因食品的过程中，会基于过敏物质和其他对身体健康有害成分的考虑，因此标注其基因来源的具体物质是非常重要的，也能在一定程度上避免可能产生的对身体健康的不利影响。再次，转基因食品标识旨在尊重某些特殊群体的宗教信仰和宗教选择，为了尊重他们的习惯和信仰，转基因食品的生产者与销售者应当对转基因食品进行标识。最后，对转基因食品采取强制性标识，能够起到监督作用，加强转基因食品生产者和销售者的责任感，能够规范市场，防止为谋取巨大利益而损害消费者权益，对公众健康造成危害的行为。

《农业转基因生物标识管理办法》规定，自 2002 年 3 月 20 日起，凡在中国境内销售的大豆、玉米、油菜籽等 5 类 17 种转基因食品及其制品，采用肯定标签与否定标签相结合折中主义做法，必须标识"转基因××食品"或者"以转基因食品为原料"，未标识和未按规定标识的，不得进口和销售。因此，我国目前的转基因食品标识、信息政策属于强制标识政策，应该继续执行并进一步完善。一是学习欧盟和日本的转基因食品标识、信息政策，加强对转

基因食品的生产全过程进行监管，对进入生产过程中转基因成分加
以标识，进一步规范转基因食品经重新包装、分装或加工进入流通
领域的标识规定。二是学习欧盟转基因食品标识政策，制定转基因
食品终端产品具体阈值，明确加工食品中转基因含量达到某一规定
数值以上才进行标注。三是扩大标识制度范围，借鉴日本标识方
法，丰富和更为详细地列出需要标识的转基因农产品的加工种类。
四是在现有标识内容的基础上，规定转基因食品的生产商或销售商
必须在标签上注明：转基因成分的来源、过敏性、伦理的考虑、不
同于传统食品的地方（成分、营养价值、效果等）、是否会对人体
健康和环境造成损害的提示。

《中华人民共和国消费者权益保护法》在"消费者的权利"中
明确规定："消费者享有知悉其购买、使用的商品或者接受的服务
的真实情况的权利。"而消费者对商品真实情况的了解往往通过标
签标识来体现。对转基因食品进行标识，不仅可以对食品进行长期
跟踪，有利于健康相关监控，而且最重要的是保护消费者的知情权
与选择权。

中国并不拒绝转基因食品，每年有相当一部分从美国进口的转
基因技术生产的大豆，这些大豆被用作饲料或榨油。[①] 从伦理上来
讲，对于不同的消费观念和价值取向都要给予充分的尊重。因而，
妥当的做法是：给转基因食品加注标签，明确标识转基因成分是多
少，转基因成分的来源，是否有毒性或过敏源，营养成分的构成状
况，有哪些特点，生产地址和厂家等，便于消费者辨识和自主选
择。同时，应该加大对转基因食品的宣传，让更多的消费者了解转
基因食品。这使得消费者更能够接受、选择和消费转基因食品，而
转基因食品的市场需求刺激转基因食品的生产，从而进一步促进转
基因食品产业的发展。

[①] 吴炎炎：《我国未来转基因食品标识、信息政策研究》，硕士学位论文，江南大学，2008 年。

三　研究展望

（1）由于数据获取的原因，本书仅针对我国三个城市的部分消费者进行研究，更大的数据样本和其他城市的消费者状况还有待进一步研究。

（2）本书仅从消费者层面对转基因监管政策进行了研究，生产者层面的转基因食品标识、信息政策没有涉及。为了更加全面地评估转基因食品的政策效应，还应该从生产者层面对转基因食品标识、信息政策进一步研究。

（3）由于本书从消费者的层面进行研究，仅对信息和标识政策两种转基因食品标识、信息政策进行了分析和讨论，关于转基因食品的监管政策还有很多，需要进一步深入研究。

小　　结

本章对本书的全部研究内容做了回顾并根据研究和分析的结果提出有利于保护我国消费者利益的转基因食品标识、信息政策：一是加强转基因食品监管机构建设，健全转基因食品相关法律法规；二是加强转基因食品宣传力度；三是进一步完善转基因食品强制标识制度。

附录一　中国转基因食品政策演进

从 1993 年开始，中国陆续制定了一系列转基因食品监管政策。

1993 年 12 月 24 日，中国国家科学技术委员会第 17 号令，发布《基因工程安全管理办法》，制定了中国基因工程工作的管理体系。

1996 年 7 月，为规范转基因农产品的应用和管理，农业部以国家科委颁布的《基因工程安全管理办法》为基础颁布实施了《农业生物基因工程安全管理实施办法》。

2000 年 8 月 8 日，中国政府正式签署了《〈生物多样性〉的卡塔赫纳生物安全议定书》。中国作为第 70 个签署国，必将受到该协议的约束，同时也要为保护世界生物多样性做出贡献。

2001 年 5 月 23 日，国务院颁布了中国首部规范农业转基因生物安全的法规——《农业转基因生物安全管理条例》。迄今为止，这是中国一部范围最广、管理最为全面的生物安全管理法规。

2002 年 1 月 5 日，农业部发布了《农业转基因生物安全评价管理办法》、《农业转基因生物进口安全管理办法》和《农业转基因生物标识管理办法》3 个配套规章，自 2002 年 3 月 20 日起施行。

2002 年 4 月 8 日，卫生部颁布了《转基因食品卫生管理办法》，以加强对转基因食品卫生的规范化管理，实行标识制度。

为规范转基因生物的进出口和做好与农业部规章的衔接工作，

国家质检总局于 2004 年发布施行《转基因生物进出口管理办法》。

2005 年 9 月 6 日，中国政府正式核准了《卡塔赫纳生物安全议定书》，成为《议定书》的缔约方。

2006 年，农业部又出台了《农业转基因生物加工审批办法》；2009 年 2 月通过，并于 2009 年 6 月起正式施行的《中华人民共和国食品安全法》同样将转基因食品同其他食品一道列入该法适用范围。①

2006 年国务院发布的《国家中长期科学和技术发展规划纲要（2006—2020 年）》，明确将转基因生物新品种培育列为我国科技发展重中之重的 16 项重大专项之一，这是我国农业领域获得的唯一专项，也是新中国成立以来国家单项投资最高的项目。

2007 年 6 月，农业部印发《农业科技发展规划（2006—2020 年）》将转基因生物技术列为农业科技发展的中长期重点任务，并将转基因生物新品种培育作为重点开展事关现代农业发展关键性的重大核心技术研究之列。

2008 年 7 月，国务院常务会议审议并原则通过了转基因生物新品种培育科技重大专项，并提前启动；国家实施这一重大专项的目标，是要获得一批具有重要应用价值和自主知识产权的基因，培育一批抗病虫、抗逆、优质、高产、高效的重大转基因生物新品种，提高农业转基因生物研究和产业化整体水平，为我国农业可持续发展提供强有力的科技支撑；提前启动实施的这一重大专项计划动用资金近 200 亿元。

2008 年 9 月，温家宝总理在接受美国《科学》杂志主编布鲁斯·艾伯茨专访时进一步明确表达了世界性粮食紧缺背景下我国力主大力发展转基因工程的信念。

2008 年 10 月，党的十七届三中全会通过的《中共中央关于推

① 欧恺：《基于实验经济学的转基因食品消费研究》，硕士学位论文，上海交通大学，2008 年。

进农村改革发展若干重大问题的决定》明确提出了"实施转基因生物新品种培育科技重大专项，尽快获得一批具有重要应用价值的优良品种"的要求。

2009年中央一号文件再次强调：要加快推进转基因生物新品种培育科技重大专项，整合科研资源，加大研发力度，尽快培育一批抗病虫、抗逆、高产、优质、高效的转基因新品种，并促进产业化。

2009年9月，农业部批准了转基因抗虫水稻"华恢1号"和"Bt汕优63"的生产应用安全证书；"华恢1号"和"Bt汕优63"在中国生物安全网公布的《2009年第二批农业转基因生物安全证书批准清单》中。

2009年11月，在批准了转基因棉花、番茄、甜椒等作物种植后，农业部批准了两种转基因水稻、一种转基因玉米的安全证书，让我国成为世界上第一个批准主粮可进行转基因种植的国家。2010年中央一号文件提出："在科学评估、依法管理基础上，推进转基因新品种产业化。"

2013年4月，农业部官网发布消息称根据我国农业转基因生物安全委员会评审结果，批准发放了巴斯夫农化有限公司申请的抗除草剂大豆CV127、孟山都远东有限公司申请的抗虫大豆MON87701和抗虫耐除草剂大豆MON87701×MON89788三个进口用作加工原料的农业转基因生物安全证书。

那么，中国目前允许转基因主粮种植吗，如何监管转基因食品呢？

（1）中国有无批准种植转基因主粮？——转基因水稻和转基因玉米目前不允许商业化种植。

全国人大代表、湖北省农业厅副厅长王红玲向记者表示："湖北肯定没有大规模种植转基因水稻；只有一些高校科研人员为了学术科研进行试种，而且面积很小。"

全国人大代表、华中农业大学校长邓秀新接受记者采访时表示："华农教师试种的转基因水稻是经过农业部审批的，面积加起来不到 10 亩。"

湖南省农业厅回应称，湖南省历来重视转基因生物安全监管工作，但目前还未有确切证据表明我省存在大规模非法种植转基因作物情况。

全国政协委员、农业部副部长牛盾表示，目前我国并未商业化生产转基因主粮，已批准可用于商业化种植的转基因品种只有转基因抗虫棉和转基因木瓜，其他的一切种植行为都是非法的。①

（2）中国转基因作物如何监管？——分 5 个阶段进行安全评估，已批准种植的要持续监测。

我国农业转基因生物安全评价从食用安全和环境安全两个方面展开，按照实验研究、中间试验、环境释放、生产性试验和申报生产应用安全证书 5 个阶段进行安全评价，管理制度比较健全。农业部科技发展中心主任段武德说，根据 2001 年颁布的《农业转基因生物安全管理条例》及配套规章，我国对农业转基因生物实行分级分阶段评价管理。

中国的转基因农产品安全管理机构主要有科技部、农业部、国家环保总局、卫生部以及国家出入境监督检疫局（CIQ）等，这些部门在各自的职责权限内制定了相关法规，同时也配合其他部门，为保障中国转基因农产品的安全性，共同管理、相互监督和协调。国家科委全面主管基因工程安全工作。农业部主管全国农业生物遗传工程体及其产品的中间试验、环境释放和商品化生产的安全性评价等工作，保护中国农业遗传资源、农业生物工程产业和农业生产安全。归纳起来有 4 个层面：一是由农业部、国家发展计划委员会、科学技术部、卫生部、对外贸易与经济合作部、国家质量监督检验检疫总局、国家环境保护总局等 7 个部门联合组成的部际联席会；二是设在农业部的农业转基因生物安全

---

① 中华人民共和国农业部网站（http://www.moa.gov.cn/）。

管理领导小组；三是小组下设的办公室，在小组指导下工作；四是县以上各级农业行政主管部门负责本行政区域内的农业转基因生物安全的监督管理工作。对于我国已经制定的相关法规和条例，其目的或者预期的作用可归纳为三点：作为限制进口转基因生物的政策工具；作为保护消费者知情权的政策工具；作为消费者避免购买转基因食品的指引信号。

（3）中国转基因食品有无标识？——我国要求对 5 类 17 种转基因产品进行强制标识。

当前国际上关于转基因标识管理主要分为 4 类：一是自愿标识，如美国、加拿大、阿根廷等国；二是定量全面强制标识，如欧盟规定转基因成分超过 0.9% 必须标识；三是定量部分强制性标识，如日本规定对豆腐等 24 种由大豆或玉米制成的食品需进行转基因标识，设定阈值为 5%；四是定性按目录强制标识，即凡是列入目录的产品，只要含有转基因成分或者是转基因作物加工而成的必须标识。目前，我国采用第四种标识方法。

2002 年，农业部发布了《农业转基因生物标识管理办法》，制定了首批标识目录，对在中华人民共和国境内销售的大豆、油菜、玉米、棉花、番茄 5 类 17 种转基因产品，进行强制标识，其他转基因农产品可自愿标识。①

转基因技术的发展有其不可替代的优势，目前世界粮食短缺问题成为当前迫切需要解决的问题，而转基因食品又是解决食物短缺的有效手段。所以，转基因作物播种面积和范围有明显的扩大，转基因食品在国际贸易中所占份额不断增加，转基因食品发展迅猛。但是转基因食品也存在自身的问题，由于转基因食品在人类历史上时间不长，而食品的安全性和可靠性都需要大量的实践和较长的时间来证明。因此，迄今为止还没有证据确认用转基因技术生产的食物是有害的，但同样不能从中得出应用转基因食

---

① 中华人民共和国农业部网站（http：//www.moa.gov.cn/）。

品是无害的结论。因此，目前世界各国都在努力制定合理的转基因食品政策，来确保环境安全和消费者利益，规范转基因食品产业的发展。

附录二 消费者对于转基因食品态度的调查问卷

转基因食品是一种新兴食品。由上海交通大学进行的这项调查，希望了解消费者对转基因食品的看法，谢谢您的参与！

一　您的基本情况

性别：男/女

年龄：

教育程度：

您居住在：市区/郊区

家里有几口人？

是否每周有在餐馆就餐：是/否

经常购买食品的地点：超市、集贸市场、流动摊贩

工作状态：企业公司（工人、技术人员、管理人员、老板）

政府或事业单位（办事人员、专业技术人员、领导干部）

军人

自由职业者

学生（小学生、中学生、大专或本科生、硕士生、博士生）

从事家务劳动

没有工作

退休

二　您对转基因食品的看法

1. 在这次调查前，您听说过转基因食品吗？

A. 非常熟悉　　　B. 仅仅听说

C. 不太了解　　　D. 没听说过

2. 如果您听说过转基因食品，那您购买过转基因食品吗？

A. 经常购买　　　B. 偶尔购买

C. 没有购买　　　D. 不知道自己是否买过

3. 据您所知，目前的市场上有转基因食品销售吗？

A. 有　　　B. 没有　　　C. 不知道

如果您知道市场上有转基因食品在销售，您知道的转基因食品是：①粮食　②棉花　③水果　④蔬菜　⑤食用油　⑥肉类

4. 有人认为"如果一个人食用了转基因食品，他的基因也将被改变，所以不能食用转基因食品"，您认为这个说法正确吗？

A. 正确　　B. 不正确　　　C. 不知道

5. 就您目前所掌握的知识和信息，您认为转基因食品对人体健康有危害吗？

A. 有危害　　B. 没有危害　　C. 不清楚

6. 有些人认为，在传统食品的生产和加工过程中大量使用化肥、农药、食品添加剂等。传统食品在生产加工中可以避免这些物质，所以转基因食品比传统食品安全。对这种说法，您认为正确吗？

A. 正确　　B. 错误　　　C. 不清楚

7. 有些人认为，转基因食品在生产过程中，改变了动植物的基因，而传统食品的原料都是几千年来人们所习惯的动植物。所以传统食品比转基因食品安全。对于这种说法，您认为正确吗？

A. 正确　　B. 错误　　　C. 不清楚

8. 在购买食品时，您觉得价格和食品安全哪个更重要？

A. 价格重要　　B. 食品安全重要　　C. 都重要

9. 您认为转基因食品在销售时有必要贴上标签吗？

A. 没有必要

B. 无所谓

C. 很有必要

但是如果说为了加贴标签，需要对食品成分进行检测，这将导致食品的价格都升高，您还认为有必要贴上标签吗？

A. 很有必要   B. 没有必要   C. 无所谓

10. 目前的科学没有证明转基因食品对人体健康有害，如果转基因食品比传统食品便宜，您是否会购买转基因食品？

A. 愿意   B. 不愿意

附录三 实验介绍

感谢大家来参加今天的实验。在进门的时候，我们给每个人发了个小袋子，并且随机地给每个人一个编号。在实验中这将是大家唯一的号码，不会改变，请大家记住。

在开始之前，我想强调的是，大家来做这个实验都是完全自愿的，而不是被我们强迫来到这里参加实验。今天实验获得的数据将完全保密且仅仅使用在今天的研究中。请大家配合填写好表格。

今天的实验主要是想知道大家对不同种类食物的偏好程度，其中一些是转基因食品。首先请大家花一分钟的时间填写小袋子中的表格。在实验开始之前，我们要给大家一些关于实验的信息。

这个实验的目的是想更好地了解在不同的政府政策下，普通消费者对待转基因食品的态度。请您注意的是，由于此次研究是拍卖活动，所以请参与者自带少量零钱。同时，为了保证研究结果的价值，请您在参与前、参与中和参与后都不要与其他人交流有关拍卖过程的信息和内容。

大家完成了表格以后，我们将做一个简单的实验过程说明，确保每一位参与者都能熟悉整个实验的流程。在整个实验的过程中请大家保持安静，实验大概需要 30 分钟。

我们想通过今天的实验知道大家对转基因食品的喜好程度，想知道转基因食品在您心中的价值究竟是多少。在正式的实验开始之前，我们先给大家介绍一个例子让大家清楚实验的流程。

例　子

　　假如有 10 名参与者参与了实验，他们做了 3 轮上述的实验，而假定第 2 组实验被随机抽到。假定在第二组实验中，参与者#1 写下 27 元作为购买转基因苹果的金额，#2 参与者为 26 元，#3 参与者为 25 元，#4 参与者为 24 元，#5 参与者为 23 元，#6 参与者为 22 元，#7 参与者为 21 元，#8 参与者为 20 元，#9 参与者为 19 元，#10 参与者为 18 元。

参与者序号	#1	#2	#3	#4	#5	#6	#7	#8	#9	#10
补偿金额（元）	27	26	25	24	23	22	21	20	19	18

　　那么谁将会赢得这场拍卖呢？#1，#2，#3，#4 将会赢得这场拍卖，因为他们所出的价格是前 4 高的。这 4 个人将会以什么价格买到 2 公斤转基因苹果呢？出价第 5 高的价格（23 元）。然后，#1. #2. #3. #4 号参与者将会以 23 元的价格获得 2 公斤转基因苹果。#5. #6. #7. #8. #9. #10 将没有机会购买到转基因苹果。对于非转基因苹果的出价和胜出规则是一样的。

　　请注意：在本次实验中，您最好真实地写出您心中对转基因苹果和非转基因苹果的真实支付金额意愿，这也是我们这样设计这次实验机制的初衷。如果您写的价格过低，您可能会丧失这次购买的机会，如果您写的金额过高，您有可能用较高的金额购买到 2 公斤苹果。所以，请您真实写下您心中对于转基因苹果和非转基因苹果的支付金额。还有其他问题吗？

正式实验

现在我们开始正式实验。首先，我们给每位一张报价单。所有竞拍者填写各自的报价单，独自提交自己对两种食品的报价，各自的报价不可以让其他竞拍者知道，不能互相讨论，不能配合做到这点的我们将抱歉地取消您的参与资格及收回出场费。对0.5公斤苹果的出价给"角"就可以了，不用精确到"分"。对每种苹果的出价都不能为0。拍卖结果可以是一个人买走0.5公斤苹果，也有可能是什么都没买到。这里需要指出的是，拍卖的转基因苹果和非转基因苹果是大小、口味、形状完全一样的。

下面请每位参与者在小卡片上写上您愿意购买0.5公斤转基因苹果和0.5公斤非转基因苹果的支付金额，这个过程和刚才演示拍卖是一样的。

注意：

（1）我们的实验将会进行3轮，每一轮请大家真实填写您心中对0.5公斤转基因苹果和非转基因苹果的真实支付意愿金额。

（2）我们会从3轮里面随机抽出一轮的结果进行真实的交易。会有3名参与者赢得拍卖支付第4高的金额获得0.5公斤苹果。这不是假设的，是真实的交易。

（3）在这种机制的拍卖中，大家最好的策略就是写出您心目中对0.5公斤转基因苹果和非转基因苹果的真实的支付金额，过多或者过少都不是您的最佳选择，可能会给您带来损失。

附录四　有关非转基因食品与转基因食品的信息披露

　　1. 世界粮农组织、世界卫生组织及经济合作组织表示转基因食品可能带来环境风险和健康风险，人工移植外来基因可能令生物产生"非预期后果"。

　　2. 转基因作物多为抗除草剂作物，农药残留少。转基因作物制成的食品生产成本比非转基因作物制成的食品成本低40%左右。

　　3. 转基因食品在世界上历史不长，一般一种食品是否有潜在危险要很多年以后才能看出来，转基因食品有什么危害还一直处于争论之中。

　　4. 转基因技术的应用使得农作物产量得以大幅提高，一定程度上缓解了世界的饥饿、贫穷问题。

　　5. 英国和日本等发达国家，95%以上的人都不接受转基因食品，是转基因的都要明显标出来，而且价格特别便宜，即使如此，市场欢迎度还是很低。

　　6. 转基因技术把一些动物或植物的基因移植到另外一些动物或植物身上，使得后者拥有了前者的特性。在食品生产中，转基因技术能够使得水果和蔬菜更加美味，生长期更长或是更能够抵御害虫的侵害。动物也可以通过转基因技术加快生长速度或者抵御疾病的能力更强。

附录五　实验步骤

1. 实验被分为两个小组同时进行，第一小组实验前将被告知相关监管部门对于转基因苹果的标识制度是自愿加标签，拍卖的转基因苹果肯定是含有转基因成分的苹果，而拍卖的非转基因苹果有可能是转基因苹果也有可能是非转基因苹果。第二小组实验前将被告知相关监管部门对于转基因苹果的标识制度是强制加标识制度，因此，实验中拍卖的转基因苹果肯定是含有转基因成分的苹果，拍卖的非转基因苹果一定是不含有任何转基因成分的。

2. 在场的每一位参与实验的人手里都有一张小卡片。一会儿，您将会被要求写下您愿意为购买 0.5 公斤转基因苹果所支付的金额和愿意为购买 0.5 公斤非转基因苹果所支付的金额。注意：您卡片上的信息是保密的，不能和其他的参与者分享。

3. 在大家在卡片上写下了您愿意为 0.5 公斤转基因和非转基因苹果支付的金额以后，我们的工作人员会把这些小卡片收上来。

4. 在教室的黑板上，大家愿意为两种拍卖品支付的金额将会在这里由高到低排序。

5. 出价最高的 3 位参与者将会赢得这场拍卖，这 3 位参与者将被要求支付出价第 4 高的价格的购买拍卖品。

6. 赢得拍卖的参与者所出价格以及拍卖价格（出价第 4 高的金额）会公布在黑板上给每一位参与者做参考。

7. 然后再做两次上述实验。

8. 在第 3 轮实验结束的时候，我们将从 3 组实验中随机抽出一组作为真实组兑现拍卖。比如说，在写有 1、2、3 三个数字的纸团中，我随机抽到了 3，那么，我们将忽略其他两组实验的结果，而仅仅关注第 3 组实验的结果，公布在黑板上的第 3 组实验的获胜者将会赢得这场拍卖，这 3 位参与者将被要求支付出价第 4 高的价格的购买拍卖品。其他参与者将没有机会购买拍卖品。当然，每一组实验被抽中的概率是一样的。

9. 宣读附录四的转基因食品的信息，重复做 3 轮实验，并随机抽出一组执行拍卖。

附录六 报价单

报价单

编号：

	您出的价格
500g 非转基因苹果	
500g 转基因苹果	

注：价格出到"角"就可以了，不用给出"分"

模拟实验的报价单。

模拟 实验出价单

编号：

	您出的价格
一只非转基因苹果（250g）	
一只转基因苹果（250g）	

注：价格出到"角"就可以了，不用给出"分"

附表　消费者出价表

	第一轮出价		第二轮出价		第三轮出价	
	非转基因苹果（500g）	转基因苹果（500g）	非转基因苹果（500g）	转基因苹果（500g）	非转基因苹果（500g）	转基因苹果（500g）
闵行本科（1月4日）						
自愿无信息	1.5	1.5	2	2	2	2
	2	3	2.1	3.5	2	3.5
	1.5	2.7	2	2.5	2	2.5
	5	5	4.5	4	4	4.5
	5	5	4	4	4	4
	0.05	0.05	1.7	1.8	2	2
自愿有信息	1.6	1.7	2.5	2	2.2	1.8
	1.8	2	2	2.5	2.3	2.5
	2.6	3.1	2.3	2.8	2.5	2.9
	1.5	5.5	2.5	3.5	2.8	3.5
	2.5	2	2.3	2	2.3	2
	2	1.5	2.5	2	2.5	2
强制无信息	2.4	2.2	2.6	2.1	2.4	1.8
	2.1	2	2.1	1.9	2.1	1.8
	1.9	2.2	2	2.2	1.6	2
	2.3	2.5	2.5	2.3	3	2.5

	第一轮出价		第二轮出价		第三轮出价	
	非转基因苹果（500g）	转基因苹果（500g）	非转基因苹果（500g）	转基因苹果（500g）	非转基因苹果（500g）	转基因苹果（500g）
闵行本科（1月4日）						
	2	2.1	2.5	3	3.5	2.5
	2	1.5	2	1.5	2	2
强制有信息	1.5	1	1.8	1	1.6	1
	2	2.5	2	1.8	2	1.8
	2.6	2	2.6	1.6	2.6	1.5
	2.5	2	2	1	2.5	1
	1.5	1.8	2	1.8	2.5	1.2
	2.3	2.2	1.8	1.7	1.5	1.7
上海维音数码科技有限公司（1月13日）						
自愿无信息	3	4.5	3.3	4.5	3	2.5
	2	5.1	1.5	3.2	2	4
	4.5	8	5	7	5.5	6.5
	2	2.5	2	2.5	2	2.5
	4.5	5.2	3.8	4.2	3.6	4.1
	4	4.5	4	4.5	4	3.8
自愿有信息	4.5	5	2.5	2	2	2.5
	3.8	6.8	3.8	6.8	2	2.5
	2.5	1.5	3	2	3.2	2.2
	5	2	1	1.5	2	2.5
	4	3.5	4	5	4	5
	3	4	3	3.5	2.5	3
强制无信息	4	8	4	7	4	6
	4.5	6	4	6	5	7

	第一轮出价		第二轮出价		第三轮出价	
	非转基因苹果（500g）	转基因苹果（500g）	非转基因苹果（500g）	转基因苹果（500g）	非转基因苹果（500g）	转基因苹果（500g）
上海维音数码科技有限公司（1月13日）						
	7	12	5.5	9.5	5	8
	1.5	1	2	1.5	2.5	2
	3	4	4	3.5	4	3
	3.5	3	4	4	5	5
强制有信息	6	4	6	3	5	2.5
	6	5	8	5	6.5	3
	4	2	3	1.5	2	1
	3	3	3	3	3.5	3
	5	3	6.3	3	5	4.5
	3	2	4	2	4	2
张江高科（1月15日）						
自愿无信息	0.8	1	1.2	1.5	1.5	2
	2.8	4	2.5	3.5	4.8	5
	3.3	4.6	3.3	4	2	3.5
	3	4.5	2.5	3.5	2	3.5
	3	4.5	3	3.5	3	3.5
	2.5	3	3	4	2.5	3.5
自愿有信息	6	4.3	3	4.9	3	
	3.5	3.7	5	5.5	4.5	5
	4.5	4	4.5	4	4	3.5
	0.3	0.1	3	1	5	1
	10.8	11.5	6.5	8	5.8	10
	10	4	5	1	3	1

	第一轮出价		第二轮出价		第三轮出价	
	非转基因苹果 (500g)	转基因苹果 (500g)	非转基因苹果 (500g)	转基因苹果 (500g)	非转基因苹果 (500g)	转基因苹果 (500g)
张江高科（1月15日）						
强制无信息	4	5	4	5	3	4
	5	2	5	6	4	3
	10	5	4	7	4.5	7
	5	6	5	4	4	5
	5	8	5	5	5	5
	5	4.5	5	4.5	5	4.5
强制有信息	2.5	10	5	10	3	10
	4.5	3	5	2.5	4.5	2.5
	1.2	1.5	1	2	1.2	2
	1	0.6	2	4	5	2.5
	6	2	6	1	6	1
	4	2	4	1	2	1
长城大厦（1月17日）						
自愿无信息	6	4.5	5.8	3.8	6	4.2
	3.5	2	3.5	3	4	3.5
	4	10.1	4.1	5.3	5.1	6.1
	7.8	7.6	8	7.8	8	7.8
	4	4	4.5	2.5	4.5	3.5
	3.5	3	4.5	6	4	2.5
自愿有信息	4	3	4.5	3	4.5	3
	5	3	8	4	8	4
	10	8	8	5	6	4
	6.5	13.5	3.5	5	3	3.5

	第一轮出价		第二轮出价		第三轮出价	
	非转基因苹果（500g）	转基因苹果（500g）	非转基因苹果（500g）	转基因苹果（500g）	非转基因苹果（500g）	转基因苹果（500g）
长城大厦（1月17日）						
	4	2	5.5	2.5	5.5	2.5
	2	0	3	0	4	0
强制无信息	1.5	1	5.5	5	5	4.5
	5	6.8	6	4	3	4
	8	12	6	8.5	6	3.5
	4.5	3.5	5	4	5	4
	4.5	3.5	4.8	3.9	4	4.2
	6	8	6	6	5	5
强制有信息	5	2	4.5	2	4.5	3
	4	3	4	3	4	2
	4.5	3	4	2.7	4	2.5
	4	3.5	3	2.5	3.5	2
	2.5	3	6	4	6	4
	3.5	0.5	4	1	3.5	2.5
平顶山完美培训中心（1月29日）						
自愿无信息	2	2.5	2	2.5	1.5	2
	1	1.5	1.2	1.1	1.5	1.5
	1	1.5	1	1.2	1	1.5
	2	2.5	2.5	3	2.5	3
	1	2	2	2.5	2	2.5
	1.5	1.5	1.5	1.5	1.5	1.5
自愿有信息	3	3	3	3	3	3
	10	20	10	20	8	10

续表

	第一轮出价		第二轮出价		第三轮出价	
	非转基因苹果（500g）	转基因苹果（500g）	非转基因苹果（500g）	转基因苹果（500g）	非转基因苹果（500g）	转基因苹果（500g）
平顶山完美培训中心（1月29日）						
	4.5	1.5	4	8	3.5	6
	4	3	4	3	4	3
	2	2	2.5	2.5	3	3
	2	2.5	3	3	3	3.5
强制无信息	3.5	4	2	2.5	2	2.5
	2.5	1.3	2	1.2	2	1
	2	1.5	2	1	1.5	1
	1.5	1	2.5	2	1.5	1
	3	3.5	2	2.5	2	2
	1.5	2	2	1.5	2	1.5
强制有信息	3.5	5	3	3	3.5	3.5
	2.5	3	3	3.5	4	4
	2	3	2.5	3	2.5	3
	5	5	3	3	3	3
	2.5	3	2.5	3	3.5	4
	2	3	2	3	2	3
平煤集团建井六处机关（2月11日）						
自愿无信息	2	4	2	4	4	2
	2.5	3.5	1.5	2.5	3.5	5.5
	3	5	3	4	2.5	4
	3	5	2	4	2.5	4
	4	5	5	5	5	3
	2	3	2	3	2	3

续表

	第一轮出价		第二轮出价		第三轮出价	
	非转基因苹果（500g）	转基因苹果（500g）	非转基因苹果（500g）	转基因苹果（500g）	非转基因苹果（500g）	转基因苹果（500g）
平煤集团建井六处机关（2月11日）						
自愿有信息	5	4.5	5	4.2	4.5	3.8
	2.5	1.5	2.5	1.5	2.5	1.5
	1.5	5	3.5	4.5	3.7	4
	4	5	3.5	4	3	3.5
	5	2.3	4.5	2	4	2
	3.5	3	3.5	3	3.5	3
强制无信息	1.5	2.5	2	3	2	2.5
	3	2.5	3	2	3	2
	2	2.5	3	2.5	3.5	3
	2.5	1.5	2.5	1.5	2.5	2
	1.5	1	3	2	3	2.5
	2.8	2	2.3	2	1.8	1.2
强制有信息	3	5	3	5	3	4
	4	4.5	4	4.5	4	4.5
	3.5	5.5	3	4	2.5	3
	2	2.5	3	4	4	3
	3	4	4	3	4	3
	6	4	6	3	5	4
平煤集团总医院（2月14日）						
自愿无信息	1	1.5	2.5	3	3	3.5
	1	1.2	2	2.5	3.2	4.2
	5.5	7.5	2.5	3.5	3.5	5
	3	4	3	4	2	3

	第一轮出价		第二轮出价		第三轮出价	
	非转基因苹果（500g）	转基因苹果（500g）	非转基因苹果（500g）	转基因苹果（500g）	非转基因苹果（500g）	转基因苹果（500g）
平煤集团总医院（2月14日）						
自愿无信息	3	2.5	3.5	4	3	4
	2	1.5	2	1.8	2.5	1.8
自愿有信息	2.5	1	3	1.8	3.5	2
	4	1	2.5	2	3	2
	2.5	2	3	2.5	2.5	2
	3.5	2.5	3	2	3	2
	3	2.5	2.5	2	2	1.5
	3.6	2.6	2.8	2	3.2	2.2
强制无信息	1	3	1	2	1	1
	1	1.5	1	1.1	1	1
	1	1.2	1.2	1.3	1	1
	1.5	2.5	1.5	1.2	1	1.2
	2	1	2	1.5	1.5	1
	1	1.5	1	1	1.5	1.3
强制有信息	4	3	4	3	4	3
	6	5	6	5	5	3.5
	3.5	3	4	3	3.5	3
	3.5	5	3.5	6	3.5	3
	3	4	4	5	5	5
	7	6	4	4	4	3
石河子市文化宫（2月9日）						
自愿无信息	5	7	4	5	4.5	6.5
	6	4.5	6.8	5.3	7	5.6

	第一轮出价		第二轮出价		第三轮出价	
	非转基因苹果（500g）	转基因苹果（500g）	非转基因苹果（500g）	转基因苹果（500g）	非转基因苹果（500g）	转基因苹果（500g）
石河子市文化宫（2月9日）						
自愿无信息	10	15	10	10	10	7.5
	9	13	8	11	5	9
	5.5	4	6	4	7	5.5
	5	8	5	8	5	8
自愿有信息	1.5	2	2	1.5	1.5	1
	0.5	0.8	1	2	1	2
	4	3	4	3	4	3
	0.6	0.5	2.5	2	2.8	2.2
	3.5	1.5	5	1.5	2.5	1.5
	2.5	4	2.5	2	2	1
强制无信息	1.5	1	2	1	3	2
	3	8	3	10	4	10
	2	3	2	3	3	4
	2	1	2	1	2	2
	2	1	3	2	4	2.5
	4	5	3	4	3	4
强制有信息	4	5	4	5.5	4	5.5
	3	2	3	2	3	2
	4	7	4	6	4	6
	4.5	5	6	7	5	6
	4.5	1	5	1.5	6	2
	5	3	5.5	4.5	5.5	4.5

	第一轮出价		第二轮出价		第三轮出价	
	非转基因苹果（500g）	转基因苹果（500g）	非转基因苹果（500g）	转基因苹果（500g）	非转基因苹果（500g）	转基因苹果（500g）
石河子市总工会（2月10日）						
自愿无信息	4	3	4	3	4	3
	4	3	4	3	4	3
	4	8	4	6	4	6
	3.4	4.2	3.5	4.8	3.5	5
	3.5	4.5	4.2	3.8	5	4.2
	3	3.5	3	3.5	2.5	3.5
自愿有信息	5	0	5	0	5	0
	5	3.5	4	3	4	2
	2.5	3	2.5	3	2.5	3
	3	3.5	3	3	3	3
	2.5	3	3	2.5	3	3
	4	5	4	4.5	3	4
强制无信息	4	5	3	4	3	3
	5	8	4	7	5	8
	4.5	4	5	4.5	5.5	5
	4	4	4	3	4	3
	3	4	3	4	4	5
	4	5	4	4	3.5	5
强制有信息	5	6	5	6	5	6
	5	5.5	4.5	6	4.5	5
	4	2.5	5	3	5	3.5
	5	4	4	3	4	3
	5	3	5	3	5	3

	第一轮出价		第二轮出价		第三轮出价	
	非转基因苹果（500g）	转基因苹果（500g）	非转基因苹果（500g）	转基因苹果（500g）	非转基因苹果（500g）	转基因苹果（500g）
石河子市总工会（2月10日）						
强制有信息	4	3	4	3	4	3
石河子市图书馆（2月10日）						
自愿无信息	2	2.2	3	3.4	3	3.4
	3.8	3	2.8	1.5	3.2	3
	4	2	3.2	2	2.6	1.8
	5.8	4.8	3	4	3	2.5
	4	3	3	2	3	2
	3	2	5.9	5	4.5	3.8
自愿有信息	3	2.5	3.5	3	3.8	3.5
	6	5.5	3	2.5	3	2.5
	2.5	2	2.8	2	2.6	2
	3	2	3	2	3	2
	4	3	4.5	3	4.5	3.5
	10	7	5	3.5	5	3.5
强制无信息	4.8	3.5	3	4.8	3	4.8
	10	8.8	6	6	2.5	3.5
	4.8	4	4.8	3	4	2.5
	6	5	4.5	3.8	4.8	3.8
	3.8	5.8	6.8	4	6.8	4.8
	6.5	5.8	5	4	5.8	3.8
强制有信息	3.8	3.8	2.8	3.8	2.8	4.8
	3.8	4.5	3.8	4.8	4	5
	3.5	3	2.7	2	2.7	2.2

	第一轮出价		第二轮出价		第三轮出价	
	非转基因苹果（500g）	转基因苹果（500g）	非转基因苹果（500g）	转基因苹果（500g）	非转基因苹果（500g）	转基因苹果（500g）
石河子市总工会（2月10日）						
强制有信息	6.5	5.5	5.5	4	5.5	4
	5	4.5	4.5	4	4.5	4
	1.8	2.8	3.5	2.5	2	2.8

参考文献

一　著作类

1. ［澳］菲利普·帕迪：《食物的未来——国际生物技术市场与政策》，温思美、孙良媛等译，中国农业出版社 2002 年版。

2. ［美］杰弗瑞·杰里、菲利普·瑞尼：《高级微观经济学》，王根蓓译，上海财经大学出版社 2005 年版。

3. 徐国祥、刘汉良、孙允午等：《统计学》，上海财经大学出版社 2001 年版。

4. 徐国祥、刘汉良：《统计学》，上海财经大学出版社 2005 年版。

5. 谢识予：《经济博弈论》，复旦大学出版社 2003 年版。

6. 张维迎：《博弈论与信息经济学》，上海人民出版社 2003 年版。

二　学位论文

7. 范存会：《我国采用 Bt 抗虫棉的经济和健康影响》，硕士学位论文，中国农业科学院，2002 年。

8. 范会婷：《河北省转基因棉经济效益分析》，硕士学位论文，河北农业大学，2008 年。

9. 冯巍：《英国转基因食品的公共政策研究》，硕士学位论文，武汉理工大学，2008 年。

10. 郭艳芹：《我国转基因科研投资的经济效益评估》，硕士学

位论文，新疆农业大学，2004 年。

11. 李建科：《我国转基因食品终端产品市场监管现状及对策研究》，硕士学位论文，浙江大学，2008 年。

12. 李静：《中美转基因食品公共政策的对比研究》，硕士学位论文，武汉理工大学，2008 年。

13. 欧恺：《基于实验经济学的转基因食品消费研究》，硕士学位论文，上海交通大学，2008 年。

14. 吴炎炎：《我国未来转基因食品标识、信息政策研究》，硕士学位论文，江南大学，2008 年。

15. 周楠：《转基因食品安全监管体系的中国模式》，硕士学位论文，北京林业大学，2010 年。

三 文章类

16. 陈茂等：《抗虫转基因水稻对非靶标害虫褐飞虱取食与产卵行为影响的评价》，《中国农业科学》2004 年第 2 期。

17. 仇焕广、黄季焜等：《政府信任对消费者行为的影响研究》，《经济研究》2007 年第 6 期。

18. 樊龙江、周雪平：《转基因作物在美国》，《世界农业》2001 年第 8 期。

19. 耿献辉、周应恒等：《农业转基因生物安全管理条例对大豆贸易的影响》，《国际贸易问题》2002 年第 6 期。

20. 耿向平：《转基因食品标签管制方式的经济学分析》，《经济经纬》2004 年第 5 期。

21. 侯守礼、顾海英：《转基因食品标签管制与消费者的知情选择权》，《科学学研究》2005 年第 4 期。

22. 侯守礼、王威、顾海英：《消费者对转基因食品的意愿支付：来自上海的经验证据》，《农业技术经济》2004 年第 4 期。

23. 侯守礼：《转基因食品是否加贴标签对消费者福利的影响》，《数量经济技术经济研究》2005 年第 2 期。

24. 胡品洁、杨昌举：《转基因食品标识、信息政策差异的影响因素分析》，《南方经济》2002 年第 2 期。

25. 黄季焜、仇焕广等：《中国城市消费者对转基因食品的认知程度、接受程度和购买意愿》，《中国软科学》2006 年第 2 期。

26. 霍飞、江国虹等：《转基因食品的发展现状及安全性评价》，《中国公共卫生》2003 年第 9 期。

27. 李艳波、刘松先：《信息不对称下政府主管部门与食品行业的博弈分析》，《中国管理科学》2006 年第 14 期。

28. 刘玲玲：《消费者对转基因食品的认知及潜在态度初探——以转基因大米为例的个案调查》，《农业消费展望》2010 年第 8 期。

29. 刘旭霞、李洁瑜、朱鹏：《美欧日转基因食品监管法律制度分析及启示》，《华中农业大学学报（社会科学版）》2010 年第 2 期。

30. 柳鹏程、马春艳、马强：《消费者对转基因食品安全管理的期望：消费者意愿视角》，《农业技术经济》2005 年第 6 期。

31. 马述忠、黄祖辉：《我国转基因农产品国际贸易标签管理：现状、规则及其对策建议》，《农业技术经济》2002 年第 1 期。

32. 毛新志、殷正坤：《转基因食品的标签与知情选择的伦理分析》，《科学学研究》2004 年第 1 期。

33. 毛新志、张利平：《公众参与转基因食品评价的条件、模式和流程》，《中国科技论坛》2008 年第 5 期。

34. 毛新志：《浅析英国转基因食品的公共政策》，《科技管理研究》2007 年第 5 期。

35. 毛新志、张利平、李静：《对转基因食品能实行自愿标识制度吗？——兼与侯守礼、顾海英商榷》，《科学学研究》2006 年第 6 期。

36. 彭光芒、尤永、吕瑞超：《转基因食品信息对个人态度和行为影响的实证研究》，《华中农业大学学报》2010 年第 3 期。

37. 平静：《转基因食品存在的人类健康伦理疑虑及其发展对策》，《经济与社会发展》2010 年第 6 期。

38. 邱彩红、柳鹏程、冯中朝：《转基因食品消费需求研究综述》，《消费经济》2007 年第 5 期。

39. 宋锡祥：《欧盟转基因食品立法规制及其对我国的借鉴意义》，《上海大学学报（社会科学版）》2008 年第 1 期。

40. 苏军、黄季焜、乔方彬：《转 Bt 基因抗虫棉生产的经济效益分析》，《农业技术经济》2000 年第 5 期。

41. 王敏、王秀玲：《转基因农产品对粮食安全的影响及对策》，《农村经济》2006 年第 11 期。

42. 王迁：《美国转基因食品管制制度研究》，《东南亚研究》2006 年第 2 期。

43. 王永佳、连丽霞、王磊：《我国转基因食品安全管理制度变迁分析》，《中国农业科技导报》2008 年第 4 期。

44. 夏友富、田凤辉、卜伟：《尚未设防 GMO——转基因产品国际贸易与中国进口定量研究》，《国际贸易》2001 年第 7 期。

45. 殷正坤、毛新志：《转基因食品标识、信息政策的跨文化浅析》，《科技管理研究》2003 年第 6 期。

46. 袁军、宋林：《对转基因食品的安全性及相关管理的思考》，《环境保护》2001 年第 3 期。

47. 张德亮：《转基因作物经济研究综述》，《农业技术经济》2005 年第 4 期。

48. 钟甫宁、陈希、叶锡君：《转基因食品标签与消费偏好——以南京市超市食用油实际销售数据为例》，《经济学季刊》2006 年第 4 期。

49. 钟甫宁、陈希：《转基因食品、消费者购买行为与市场份额——以城市居民超市食用油消费为例的验证》，《经济学季刊》2008 年第 3 期。

50. 钟甫宁、丁玉莲：《消费者对转基因食品的认知情况及潜

在态度初探——南京市消费者的个案调查》,《中国农村观察》
2004 年第 1 期。

51. 周颖、井淼、吕巍:《转基因食品商业化发展现状及营销
战略探讨》,《上海交通大学学报》2005 年第 4 期。

52. 朱文华、毛新志:《转基因食品标识管理的伦理辩护》,
《武汉理工大学学报 (社会科学版)》2008 年第 5 期。

四　外文文献

53. Aerni, P. , "Stakeholder attitudes towards the risks and bene-
fits of genetically modified crops in South Africa", *Environment Science
& Policy*, Vol. 8, No. 5, 2005.

54. Alok Anand Ron C. , Mittelhammery Jill J. , McCluskeyz,
"Consumer Response to Information and Second – Generation Genetically
Modified Food in India", *Journal of Agricultural & Food Industrial Or-
ganization*, Vol. 5, No. 1, 2007.

55. Anderson, Kym and Shunli Yao, "China and World Trade in
Agricultural and Textile Products", *Paper prepared for the Forth Annual
Conference on Global Economic Analysis*, Purdue University West Lafa-
yette, Indiana, 2001.

56. Auriol E. and Schilizzi S. G. M. , "Quality Signaling through
Certification, Theory and an Application to Agricultural Seed Markets",
IDEI Working Paper, Vol. 43, January, 2003.

57. Baker, G. A. and M. A. Mazzocco, "Consumer Response to
GMO Foods: Branding venus Government Certification", *Paper presen-
ted at: WCC – 72 Annual Meeting*, Las Vegas, Nevada, June, 23 –
25, 2002.

58. Becker, "A Theory of Competition Among Pressure Groups for
Political Influence", *Quarterly Journal of Economic*, Vol. 98, No. 3,
1983.

59. Blundell, Pashardes and Weber, "What do we learn about consumer demand patterns from micro data", *American Economic Review*, Vol. 83, No. 3, 2004.

60. Boccaletti S., "Il ruolo delle produzioni tipiche e delle denominazioni di origine nella salvaguardia della competitività della produzione agro – alimentare italiana", in De Meo G., edt., *L' agricoltura italiana di fronte ai nuovi vincoli di mercato*, Bologna, Il Mulino, 1994.

61. Braun R., "People's Concerns about Biotechnology: Some Problems and some Solutions", *Journal of Biotechnology*, Vol. 98, No. 8, 2002.

62. Bureau J. C. and Marette S. and Schiavina A., "Non – tariff Trade Barriers and Consumers' Information: the Case of EU – US Trade Disputes over Beef", *Contributed paper presented at the XXIII IAAE Congress*, Sacramento (CA), August, 1997.

63. Carbone A., "Problems with 'Shared Brand Names' for Food Products", in Schiefer G. and Helbig R. (eds.), *Proceedings of the XXIX EAAE Seminar on "Quality Management and Process Improvement for Competitive Advantage in Agriculture and Food"*, Vol. 1, 1997.

64. Caswell J. A. and Mojduszka E. M., "Using Informational Labeling to Influence the Market for Quality in Food Products", *American Journal of Agricultural Economics*, Vol. 78, No. 2, 1996.

65. Charles Noussair, Stephane Robin & Bernard Ruffieux, "Do Consumers Really Refuse To Buy Genetically Modified Food?", *The Economic Journal*, Vol. 114, No. 492, 2004.

66. Chen, Hsin – Yi and Wen S. Chern, "Willingness to Pay for GM Foods: Results from a Public Survey in the U. S. ", *Paper prepared for presentation at the 6th International Conference on "Agricultural Biotechnology: New Avenues for Production consumption and Technology Transfer"*, Ravello, Italy, Vol. 492, No. 11, 2002.

67. Chen, H. and W. S. Chern, "Consumer Acceptance of Genetically Modified Foods", *Paper prepared for American Agricultural Economics Association Annual Meeting*, Long Beach, California, Vol. 7, 2002.

68. Chern, W. S. et al., "Consumer Acceptance and Willingness to Pay for Genetically Modified Vegetable Oil and Salmon: A Multiple - country Assessment", *Agriculture Bioscience Forum*, Vol. 5, No. 3, 2002.

69. Codex A., "Joint FAO/WHO Food Standard Programme", *Limentarius Commission Chiba*, Vol. 17, No. 3, 2000.

70. Crespi J. M. and Marette S., "How Should Food Safety Certification Be Financed?", *American Journal of Agricultural Economics*, Vol. 83, No. 4, November 2001.

71. David Darr and Wen Chern, "Analysis of Genetically Modified Organism Adoption by Ohion Grain Farmers", *Paper prepared for Presentation at the 6th Internatonal Conference on "Agricultural Biotechnology: New Avenues for Production, Consumption and Technology Transfer"*, Italy, Vol. 14, No. 7, 2002.

72. Elizabeth Hoffman, Dale J. Menkhaus, Dipankar Chakravarti, Ray A. Field and Glen D. Whipple, "Using Laboratory Experimental Auction In Marketing Research: A Case Study of New Packaging for Fresh Beef", *Marketing Science*, Vol. 12, No. 3, 1993.

73. FAO, "Determining the potential for a living modified organism to be a pest", Report of pest risk analysis for quarantine pests, including analysis of environmental risk and living modified organisms, Rome, Food and A Culture Organization of the United Nations, 2005.

74. Feddersen T. J. and Gilligan T. W., "Saints and Markets: Activists and the Supply of Credence Goods", *Economics & Management Strategies*, Vol. 10, No. 1, Spring 2001.

75. Funing Zhong, et al. , "GM foods: A Nanjing Case study of Chinese consumers' awareness and potenitial attitudes", *Ay Bio Forum*, Vol. 5, No. 4, 2002.

76. Geoffrey A. Jehle, Philip J. Reny, *Advanced Microeconomic Theory*, Columbia, 2001.

77. Giannaka and Fulton, "Consumption Effects of Genetically Modification: What if Consumers are Right?", *Agricultural Economics*, Vol. 27, No. 2, 2002.

78. Grimsrud, K. M. and R. C. Mittelhammer, "Market Segmentation within Contingent Valuation", *Selected Paper at the American Agricultural Economics Association* Annual Meeting, Montreal, Canada, 2003.

79. Grunert, K. G. , L. Lahteenmaki, N. A. Nielsen, "Consumer Perceptions of Food Products Involving Genetic Modification – Results from A Qualitative Study in Four Nordic Countries", *Food Quality and Preference*, Vol. 12, No. 8, 2001.

80. Hall, C. and D. Moran, "Investigation of GM risk perceptions: A survey of anti – GM and environment campaign group members", *Journal of Rural Studies*, Vol. 22, No. 1, 2006.

81. Hallman W. K. , Hebden WC, Cuite CL, *Americans and GM food Knowledge, Opinnion & Institute, Cook college, Rutgers*, The State University of New Jersey Press, 2004.

82. Hanemann, W. , J. Loomis and B. Kanninen, "Statistical Efficiency of Double bounded Dichotomous Choice Contingent Valuation", *American Journal Agricultural Economics*, Vol. 73, No. 4, 1991.

83. Hans, Tongeren, Frank, "Biotechnology Boosts to Corp Productivity in China and its Impact on Global", *Paper prepared for Fifth AnnualConferenceonGlobalEconomicAnalysis*, Taibei, Taiwan, Vol. 6, No. 5, 2002.

84. Hine, S. and M. L. Loureiro, "Understanding Consumers' Perceptions toward Biotechnology and Labeling", *Selected Paper of American Agricultural Economics Association Annual Meeting*, Long Beach, California, Vol. 28, No. 7, 2002.

85. Hobbs, J. E. and Plunkett, "Genetically Modified Food: Consumer Issues and the Role of Information Asymmetry", *Canadian Journal of Agricultural Economics*, Vol. 47, No. 4, 1999.

86. Hollander A., Monier – Dilhan S. and Ossard H., "Pleasures of Cockaigne: Quality Gaps, Market Structure, and the Amount of Grading", *American Journal of Agricultural Economics*, Vol. 81, No. 3, 1999.

87. HossainF., B. Onyango, A. Adelaja, B. Schilling and W. Hallman, "Consumer Acceptance of Food Biotechnology: Willingness to Buy Genetically Modified Food Products", *Food Policy Institute*, Vol. 169, No. 18, 2002.

88. Hu, W., and K. Chen, "Can Chinese consumers be persuaded? The case of genetically modified vegetable oil", *Agriculture Bioscience Forum*, Vol. 7, No. 3, 2004.

89. Huang, J. K., H. Qiu, J. Bai, and C. Pray, "Awareness, acceptance of and willingness to buy genetically modified foods in Urban China", *Appetite*, Vol. 46, No. 2, 2006.

90. Huffman, W., M. Rousu, J. F. Shogren and A. Tegene, "Consumers' Resistance to Genetically Modified Foods in High Income Countries: The Role of Information in an Uncertain Environment", *Proceedings* of *the 25th International Conference of Agricultural Economists*, Durban, South Africa, Vol. 22, No. 6, August 2003.

91. Huffman W., Rousu M., Shogren J. F. et al., "The effects of prior beliefs and learning on consumers acceptance of genetically modified foods", *American Journal of Agricultural Economics*, Vol. 63,

No. 1, 2007.

92. Hugo D. G. , William, James and Stephen, "Assessing the potential impact of Bt maize in Kenya using a GIS model", *The 25th International Conference of Agricultural Economist*, Durban, South Africa, 2003.

93. Jaeger, S. R. , J. L. Lusk, L. O. House, C. Valli, M. Moore, B. Morrow, and W. B. Traill, "The use of non – hypothetical experimental markets for measuring the acceptance of genetically modified foods", *Food Quality and Preference*, Vol. 15, No. 7, 2004.

94. James, Sallie and Michael Burton, "Consumer Acceptance of GM Foods: Implications for Trade", *Agricultural and Resource Economic*, Vol. 41, No. 5, 2002.

95. James, S. and M. Burton, "Consumer Preferences for GM Food and Other Attributes of the food System", *The Australian Journal Agricultural and Resource Economics*, Vol. 47, No. 4, 2003.

96. Jane K. Selgrade, Christal C. Bowman, Gregory S. Ladics, "Safety Assessment of Biotechnology Products for Potential Risk of Food Allergy: Implications of New Research", *Toxicol Science*, Vol. 31, No. 110, 2009.

97. Janzen, E. L. , J. W. Mattson, and W. W. Wilson, "Wheat Characteristic Demand and Implication for Development of Genetically Modified Grains", *Agribusiness and Applied Economics Report*, Vol. 53, No. 469, 2001.

98. James, Clive, "Preview: Global status of commercialized biotech/GM crops: 2004, international service for the a requisition of agri – beotech application", *ISAAA Briefs*, Vol. 11, No. 32, 2004.

99. Jayson L. Lusk, Lisa O. House, Carlotta Valli, Sara R. Jaeger, Melissa Moore, Bert Morrow and W. Bruce Traill, "Consumer welfare effects of introducing and labeling genetically modified food", *Economics Letters*, Vol. 88, No. 3, 2005.

100. Johan F. M. Swinnen, Thijs Vandemoortele, "Are food safety standards different from other food standards? A political economy perspective", *Europe Review of Agriculture Economics*, Vol. 36, No. 4, 2009.

101. Kaneko, N. and W. S. Chern, "Consumer Acceptance of Consumer Affairs", *Food Policy*, Vol. 37, No. 2, 2003.

102. Klemperer P. D., "Auctions with Almost Common Value: The 'Wallet Game' and its Applications", *European Economic Review*, Vol. 42, No. 3, 1998.

103. Knight, J. G., D. W. Mather and D. K. Holdsworth, "Impact of genetic modification on country image of imported food products in European markets: Perceptions of channel members", *Food Policy*, Vol. 30, No. 4, 2005.

104. Lahteenmaki, L., K. Grunert, O. Ueland, A. Astrom, A. Arvola and T. Bech – Lalsen, "Acceptability of genetically modified cheese presented as real product alternative", *Food Quality and Preference*, Vol. 13, No. 7, 2002.

105. Li, Q., K. R. Curtis, J. J. McCluskey, "Consumer Attitudes toward Genetically Modified Foods in Beijing, China", *Agriculture Bioscience Forum*, Vol. 5, No. 4, 2002.

106. Lin, W., A. Somwaru, F. Tuan, J. Huang and J. Bai, "Consumer Attitudes toward Biotech Food in China", *Journal of International Food and Agribusiness Marketing*, Vol. 2, No. 18, 2006.

107. Lin W., Price G. K. and Allen E., "Star Link: where no CRY9C corn should have gone before", *Choices*, Vol. 17, No. 4, 2002.

108. Lindie and Colin, "Can GM – Technologies help African smallholders? The impact of Bt Cotton in the Makhathini Flats of Kwa-Zulu – Natal", *The 25th International Conference of Agricultural Economist*, Durban, South Africa, 2003.

109. Loureiro, M. L. and S. Hine, "Preferences and willingness to pay for GM labeling policies", *Food Policy*, Vol. 29, No. 5, 2004.

110. Lusk, J., "Effect of Cheap Talk on Consumer Willingness - to - pay for Golden Rice", *American Journal of Agricultural Economics*, Vol. 85, No. 4, 2003.

111. Macer, D. and A. C. Ng, "Changing Attitudes to Biotechnology in Japan", *Nature Biotechnology*, Vol. 18, No. 9, 2000.

112. Magnusson, M. K. and U. K. Hursti, "Consumer attitudes towards genetically modified foods", *Appetite*, Vol. 39, No. 1, 2002.

113. Marette S., Bureau J. - C. and Gozlan E., "Product Safety Provision and Consumers' Information", *Mimeo*, Vol. 19, 1999.

114. Martha Augoustinos, Shona Crabb and Richard Shepherd, "Genetically modified food in the news: media representations of the GM debate in the UK", *Public Understanding of Science*, Vol. 98, No. 19, 2010.

115. Mccluskey J., Wahal T., "Reacting to GM Foods Consumer Response in Asia and Europe", *Highlights College of Agriculture and Home Economics*, Vol. 32, No. 15, 2003.

116. Mccluskey J. J., "A Game Theoretic Approach to Organic Foods: An Analysis of Asymmetric Information and Policy", *Agricultural and Resource Economics Review*, Vol. 135, No. 29, 2000.

117. Michael Veeman et al., "Canadian consumer perceptions and choice behavior for GM food", *The International Symposium on Food safety: Consumer, Trade, and Regulation Issues*, Hangzhou, China, October 2003.

118. Mojduszka E. M. and Caswell J. A., "A Test of Nutritional Quality Signaling in Food Markets Prior to Implementation of Mandatory Labeling", *American Journal of Agricultural Economics*, Vol. 5, No. 2, 2000.

119. Moon W. and S. Balasubramanian, "Public Perceptions and Willingness – to – pay a Premium For Non – GM Foods in the US and UK", *Agriculture Bioscience Forum*, Vol. 4, No. 3, 2001.

120. Moon W. and S. Balasubramanian, "A Muthi – attribute Model of Public Acceptance of Genetically Modified Organism", *Paper Presented at the Annual Meetings of the American Agricultural Economics Association*, Chicago, Vol. 5, No. 8, 2001.

121. Moseley Bevan E. B. , "The safety and social acceptance of novel foods", *International Journal of Food Microbiology*, Vol. 50, No. 2, 1999.

122. Mucci, A. , G. Hough, and C. Ziliani, "Factors that influence purchase intent and perceptions of genetically modified foods among Argentine consumers", *Food Quality and Preference*, Vol. 15, No. 6, 2004.

123. Nielsen, C. P. , K. Thierfelder and S. Robinson, "Consumer preferences and trade in genetically modified foods", *Journal of Policy Modeling*, Vol. 8, No. 25, 2003.

124. O' Connor, E. , C. Cowan, G. Williams, J. O'connell and M. P. Boland, "Irish consumer acceptance of a hypothetical second – generation GM yogurt product", *Food Quality and Preference*, Vol. 17, No. 5, 2006.

125. Oda, L. , and B. Soares, "Genetically Modified Food: Economic Aspects and Public Acceptance in Brazil", *Trends in Biotechnology*, Vol. 18, No. 5, 2000.

126. Raymond O' Rourke, Mason Hayes, Curran, *European Food Law (second edition)*, Law Publishing Press, 2001.

127. Peltzman, "Toward a More General Theory of Regulation", *Journal of Law and Economics*, Vol. 19, 1976.

128. Philippe fevrier and Michael, "A study of consumer behavior

using laboratory data", *Experimental Economics*, Vol. 7, No. 1, 2004.

129. Posner, "Theories of Economic Regulation", *Bell Journal of Economics*, Vol. 5, Autumn 1974.

130. Rodolfo M. N., "Acceptance of genetically Modified Food: Comparing Consumer Perspective in the United States and South Korea", *Agricaltural Economics*, Vol. 34, No. 3, 2006.

131. Rosen, J., J. L. Lusk, and J. A. Fox, "Consumer Demand For and Attitudes toward Alternative Beef Labeling Strategies in France, Germany, and the UK", *Selected Paper of the Annual Meetings of the American Agricultural Economics Association*, Chicago, August 2001.

132. Rousu, M., W. Huffman, J. F. Shogren and A. Tegene, "The Value of Verifiable Information in a Controversial Market: Evidence from Lab Auctions of Genetically Modified Food", *Working Paper of Department of Economics*, Iowa State University, Vol. 2, 2002.

133. Sheldon, Ian M., "Regulation of Biotechnology: Will We Ever 'Freely' Trade GMOs?", *European Review of Agricultural Economics*, Vol. 29, No. 1, 2002.

134. Shoemaker, Robin, "Economic Issues in Agricultural Biotechnology", *Agriculture Information Bulletin*, Vol. 10, No. 762, 2001.

135. Taylor, P. D. and L. B. Jonker, "Evolutionarily Stable Strategy and Game Dynamics", *Math Bioscience*, Vol. 40, No. 1, 1978.

136. Wessells C. R., Johnston R. J. and Donath H., "Assessing Consumer Preferences for Ecolabeled Seafood: the Influence of Species, Certifier and Household Attributes", *American Journal of Agricultural Economics*, Vol. 81, No. 5, 1999.

137. Wolinsky A., "Competition in a Market for Informed Experts' Services", *Rand Journal of Economics*, Vol. 24, No. 3, 1993.

138. Wolinsky A. , "Competition in Markets for Credence Goods", *Journal of Institutional and Theoretical Economics*, No. 151, 1995.

139. Wuyang Hu, et al. , "Assessing how different genetically modified food labeling policies may affect consumers choice behaviors: a Canadian case study", *The International Symposium on Food Safety: Consumer, Trade, and Regulation Issues*, Hangzhou, China, October 2003.

140. Zago A. and Pick D. , "The Welfare Effects of the Public Provision of Information: Labelling Typical Products in the European Union", *Mimeo (revised version)*, February 2002.

后　记

由于数据获取的原因，本书仅针对我国三个城市的部分消费者进行研究，更大的数据样本和其他城市的消费者状况还有待进一步调查。另外，本书仅从消费者层面对转基因监管政策进行了研究，生产者层面的转基因食品标识、信息政策没有涉及。为了更加全面地评价转基因食品的政策效应，还应该从生产者层面对转基因食品标识、信息政策做深入研究。

由于本书从消费者的层面仅对转基因食品标识、信息政策进行了分析和讨论，关于转基因食品的监管政策还有很多，需要进一步深入研究。

本书的写作过程中，上海交通大学的顾海英教授给予了极大的指导。在我的学习和研究期间，顾老师悉心地给予指导和帮助。她渊博的知识、严谨的治学态度、实事求是的处世原则深深地影响着我，并将使我受益终生。顾老师总是能够凭借多年的研究经验指导我做什么、怎样做是有前景的，从而让我的科研工作深入而又有效率。本书倾注了顾老师大量心血：从前期的选题准备工作到文献查找，从文章框架的确定再到修改直至定稿，顾老师在繁忙的工作之余不厌其烦地提出指导意见。在这些年里，我深深受益于顾老师的关心、爱护和谆谆教导。她作为老师，在学术上点拨迷津，让人如沐春风；作为长辈，在生活上对我关怀备至，令人感念至深。能师从顾老师，我为自己感到庆幸。在此谨向顾老师表示我最诚挚的敬意和感谢！

　　感谢中国社会科学出版社的冯春凤老师，她对本书的修改让我感到吃惊，她细心、严谨、认真的态度让我敬佩。

　　感谢多年的挚友李文强，一直以来，我们互相学习，互相督促，共同成长，最终达到十分默契的境界，这份友情值得我用一生珍存。

　　感谢我的爱人赵晨，几年来对我的理解和支持，感谢养育我二十多年的父母，爸爸妈妈竭尽所能为我提供良好的学习环境，无微不至地关心我，培养了我朴实正直的品质和乐观积极的生活态度。父母的鼓励给我勇往直前的不竭动力，他们永远是我最坚强的后盾！

　　感谢所有关心、理解我的师长、友人，我会一直努力的。

马　琳